高颜值创意饮品

咖啡　茶饮　鸡尾酒　气泡水

阳　健　著

中国轻工业出版社

图书在版编目（CIP）数据

高颜值创意饮品：咖啡　茶饮　鸡尾酒　气泡水 / 阳健著 . — 北京：中国轻工业出版社，2024.3

ISBN 978-7-5184-4617-9

Ⅰ . ①高…　Ⅱ . ①阳…　Ⅲ . ①饮料—配方　Ⅳ . ① TS27

中国国家版本馆 CIP 数据核字（2023）第 243247 号

责任编辑：胡　佳　　责任终审：劳国强

设计制作：锋尚设计　　责任校对：朱燕春　　责任监印：张京华

出版发行：中国轻工业出版社（北京鲁谷东街5号，邮编：100040）

印　　刷：北京博海升彩色印刷有限公司

经　　销：各地新华书店

版　　次：2024年3月第1版第1次印刷

开　　本：710×1000　1/16　印张：13

字　　数：200千字

书　　号：ISBN 978-7-5184-4617-9　定价：59.80元

邮购电话：010-85119873

发行电话：010-85119832　010-85119912

网　　址：http://www.chlip.com.cn

Email：club@chlip.com.cn

230874S1X101ZBW

作者序 PREFACE

拥抱美好生活

在全职运营自媒体之前，我曾经是一名生活简单的文字工作者，美食博主这条路起源于我的分享欲。我每天活跃在各大美食网站，把学到的美食分享给大家，在日积月累中收获了很多朋友的喜爱。也正是因为这份喜爱，我决定把美食博主这条路走得更好，走得更远。

制作美食对我而言既是爱好又是一种很好的生活调剂方式，每一次的全情投入都能让我感到身心愉悦。从开始五花八门的美食内容，到这些年来专注分享创意饮品，选择成为饮品博主，纯粹是因为自己的偏爱。忙碌时喝杯咖啡，开心时喝杯奶茶，疲惫时来杯小酒……我喜欢不同饮品的味道带来的满足感，更喜欢喝一杯时自己放松的状态。

从单纯想满足味蕾到认真想做好这件事，我不断地钻研各种花式饮品制作，并自学摄影剪辑，我希望能把各种饮品的“小美好”分享给大家，也希望所有喝到自己亲手制作的饮品的朋友，能够用喜欢的方式拥抱更美好的生活。

阳　健

目录 CONTENTS

Part 1 咖啡

Part 2 茶饮

Part 3 鸡尾酒

Part 4 气泡水

Part 5 乳制品

Part 6 果蔬饮

Part 7 冰粉

- 本书配方的用量除特别标注外，均为制作1杯饮品的量，读者可根据杯子大小、饮用人数等实际情况调整用量。
- 部分饮品图片中的吸管、卡片等装饰物不作为必要元素出现在配方中，读者可根据自己的喜好增减。
- 二维码建议用手机扫码功能扫码观看视频。部分视频与图文并不完全一致，而是作为图文内容的补充，仅供参考。

常用配料

意式浓缩咖啡液

冷萃咖啡液

伯爵红茶

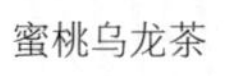

蜜桃乌龙茶

茉莉绿茶

冰球

淡奶

淡奶油

糖桂花

蝶豆花

寒天脆啵啵

马蹄爆爆珠

常用工具

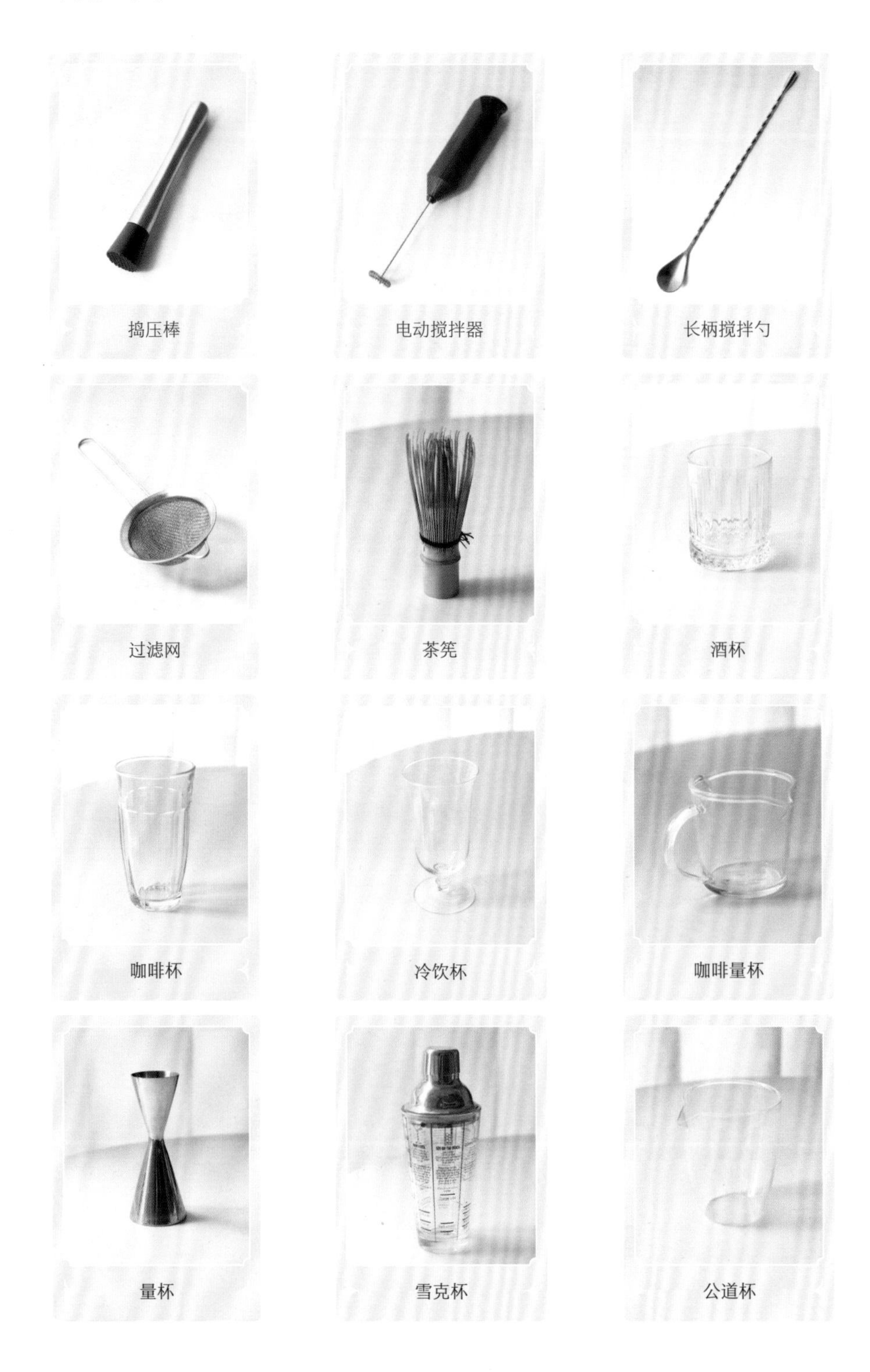

Part 1 咖啡

草莓西柚冰美式

〔配方〕

- 意式浓缩咖啡液1瓶
- 西柚汁100毫升
- 草莓果酱15克
- 冰块1杯
- 苏打水适量

〔做法〕

1 杯中放入冰块。
2 加入草莓果酱。
3 倒入西柚汁。
4 倒入苏打水至八分满。
5 插入一瓶意式浓缩咖啡液。

红石榴冰美式

1

2

3

4

〔配方〕

- 美式咖啡适量
- 石榴1个
- 冰球适量
- 气泡水适量

〔装饰〕

- 石榴籽
- 香草

〔做法〕

1 将石榴籽捣出果汁。
2 杯中倒入半杯石榴汁，放入冰球。
3 缓慢倒入气泡水至八分满。
4 将美式咖啡缓慢倒入杯中，放上装饰。

懒人樱花冰美式

1

2

3

4

5

〔配方〕

- 意式浓缩咖啡液适量
- 饮用水1瓶
- 樱花糖浆15克
- 盐渍樱花少许

〔做法〕

1 盐渍樱花提前泡去盐粒。
2 玻璃瓶中倒入一半饮用水。
3 水里加入樱花糖浆和盐渍樱花。
4 把玻璃瓶斜放入冰箱，冷冻至液体结冰。
5 注入意式浓缩咖啡液即可。

青提气泡冰美式

1

2

3

4

〔配方〕

- 意式浓缩咖啡液20毫升
- 青提10粒
- 冰块适量
- 气泡水1瓶

〔装饰〕

- 青提
- 香草

〔做法〕

1 青提放入杯中，捣出果汁。
2 在杯中放入冰块。
3 倒入气泡水至八分满。
4 倒入意式浓缩咖啡液，用青提和香草装饰。

甜橙冰美式

1

2

3

〔配方〕

- 意式浓缩咖啡液30毫升
- NFC（非浓缩还原）橙汁100毫升
- 冰块适量

〔装饰〕

- 橙子片
- 香草
- 巧克力花

〔做法〕

1 杯中放入满杯冰块。
2 倒入橙汁。
3 缓慢倒入意式浓缩咖啡液，放上装饰。

草莓气泡冰美式

〔配方〕

- 草莓5个
- 意式浓缩咖啡液30毫升
- 草莓果酱15克
- 气泡水适量
- 冰块适量

〔装饰〕

- 草莓
- 香草

〔做法〕

1 杯中放入草莓捣碎。
2 倒入草莓果酱，加入满杯冰块。
3 倒入气泡水至八分满。
4 缓慢倒入意式浓缩咖啡液。
5 用草莓、香草装饰。

荔枝冰美式

〔配方〕

- 荔枝10颗
- 意式浓缩咖啡液30毫升
- 糖浆10克
- 冰块适量

〔装饰〕

- 荔枝果肉
- 香草

〔做法〕

1 荔枝去皮、去核，捣出果汁。
2 杯中放入满杯冰块。
3 倒入荔枝果汁至五分满。
4 倒入糖浆。
5 倒入意式浓缩咖啡液。
6 用荔枝果肉和香草装饰。

海盐菠萝冷萃

［配方］

- 冷萃咖啡液80毫升
- 菠萝汁150毫升
- 海盐少许
- 冰球适量

［装饰］

- 菠萝干
- 香草

［做法］

1 准备80毫升冷萃咖啡液（咖啡粉和冷水按1∶11的比例，用冷萃壶萃取）。

2 杯中加入适量冰球。

3 倒入菠萝汁，放入海盐搅匀。

4 缓慢倒入冷萃咖啡液，用菠萝干和香草装饰。

桃桃气泡冷萃

〔配方〕

- 冷萃咖啡液70毫升
- 桃子果汁100毫升
- 苏打水80毫升
- 糖浆10克
- 冰块适量

〔装饰〕

- 桃子片
- 香草

〔做法〕

1 杯中放入冰块。
2 倒入桃子果汁。
3 倒入糖浆。
4 倒入苏打水至八分满。
5 倒入冷萃咖啡液。
6 放桃子片和香草装饰。

草莓山楂冷萃

〔配方〕

- 冷萃咖啡液90毫升
- 草莓果酱15克
- 山楂3个
- 冰球1个
- 冰块少许

〔装饰〕

- 山楂
- 香草

〔做法〕

1 雪克杯中放入去核山楂，捣碎。
2 加入草莓果酱。
3 倒入冷萃咖啡液。
4 加入少许冰块摇匀。
5 杯中放入冰球。
6 倒入摇匀的咖啡。
7 用山楂和香草装饰。

水晶茉莉冷萃

〔配方〕（2杯）

- 茉莉花茶200毫升
- 冷萃咖啡液60毫升
- 糖浆20克
- 冰块适量
- 茉莉茶冻：
  茉莉花茶200毫升
  白凉粉10克
  鲜茉莉花少许

〔装饰〕

- 茉莉花
- 叶子

〔做法〕

1 制作茉莉茶冻：将茉莉花茶和白凉粉煮开，关火后加入鲜茉莉花搅拌均匀。

2 倒入碗中冷却，凝固后切块。

3 杯中放入茉莉茶冻。

4 加入满杯冰块。

5 倒入茉莉花茶至八分满。

6 倒入糖浆。

7 倒入冷萃咖啡液，放上装饰。

话梅冰咖啡

1

2

3

4

〔配方〕

- 意式浓缩咖啡液36毫升
- 话梅糖浆15克
- 话梅3粒
- 苏打水适量
- 冰球适量

〔装饰〕

- 话梅
- 香草

〔做法〕

1 杯中放入冰球和话梅。
2 倒入话梅糖浆（用3粒话梅与30克糖浆浸泡一夜）。
3 倒入苏打水至八分满。
4 缓慢倒入意式浓缩咖啡液，放上装饰。

荔枝红茶冰咖啡

1

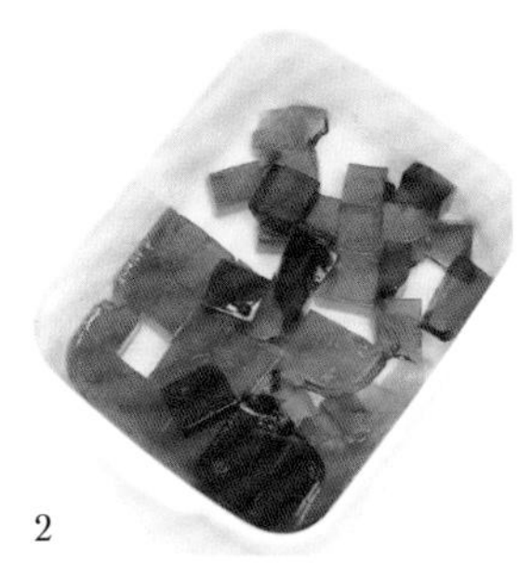
2

3

4

5

〔配方〕

- 意式浓缩咖啡液36毫升
- 鲜榨荔枝果汁100毫升
- 冰块适量
- 红茶冻：
  锡兰红茶1包
  白凉粉12克
  白砂糖10克
  清水200毫升

〔装饰〕

- 荔枝果肉
- 香草

〔做法〕

1 制作红茶冻：将红茶包和清水、白砂糖、白凉粉一起煮10分钟。
2 将茶水倒出，冷却、凝固后切块。
3 杯中放入红茶冻和满杯冰块。
4 倒入鲜榨荔枝果汁至七分满。
5 倒入意式浓缩咖啡液，放上装饰。

泡沫椰青咖啡 

〔配方〕

- 椰子水200毫升
- 冻干咖啡5克
- 白砂糖10克
- 热水25毫升
- 冰块适量

〔装饰〕

- 椰子脆片

〔做法〕

1 在冻干咖啡中加入白砂糖和热水，打发成泡沫。
2 杯中倒入适量冰块。
3 倒入椰子水至七分满。
4 倒入泡沫咖啡。
5 放上椰子脆片装饰。

抓马西瓜拿铁

［配方］

- 意式浓缩咖啡液30毫升
- 牛奶200毫升
- 西瓜100克
- 糖浆10克
- 冰块适量

［装饰］

- 西瓜块

［做法］

1 雪克杯中放入西瓜，捣出西瓜汁。
2 倒入糖浆和牛奶，搅拌均匀。
3 另一杯中放入冰块。
4 倒入西瓜牛奶。
5 倒入意式浓缩咖啡液。
6 用西瓜块装饰即可。

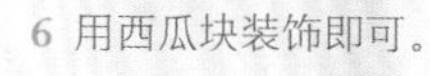

焦糖香蕉热拿铁

〔配方〕

- 香蕉牛奶150毫升
- 意式浓缩咖啡液30毫升
- 焦糖酱15克

〔装饰〕

- 厚切香蕉片
- 白砂糖
- 香草

〔做法〕

1 香蕉牛奶用微波炉加热1分钟。
2 杯中放入焦糖酱。
3 倒入香蕉牛奶至八分满。
4 用勺子引流，倒入意式浓缩咖啡液。
5 杯口放上厚切的香蕉片。
6 香蕉片上放少许白砂糖。
7 用喷枪把白砂糖烧至焦糖色，放香草即可。

香蕉卡美罗拿铁

〔配方〕

- 意式浓缩咖啡液36毫升
- 香蕉牛奶150毫升
- 牛奶100毫升
- 卡美罗适量
- 冰块适量

〔装饰〕

- 香蕉片

〔做法〕

1 杯中放入满杯冰块。
2 倒入牛奶。
3 倒入香蕉牛奶。
4 放入几块卡美罗（用糖、小苏打等制作的日式甜点）。
5 倒入意式浓缩咖啡液。
6 用香蕉片装饰即可。

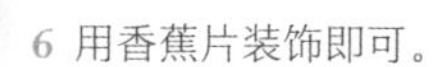

碧螺知春拿铁

〔配方〕

- 热水80毫升
- 碧螺春茶叶3克
- 冰块适量
- 牛奶100毫升
- 糖浆15克
- 意式浓缩咖啡液36毫升

〔装饰〕

- 三色花瓣

〔做法〕

1 在热水中放入碧螺春茶叶，浸泡10分钟。
2 玻璃杯中放入冰块至七分满。
3 倒入放凉的碧螺春茶汤。
4 倒入牛奶和糖浆。
5 倒入意式浓缩咖啡液。
6 用三色花瓣装饰。

草莓厚乳拿铁

〔配方〕

- 牛奶200毫升
- 淡奶油50毫升
- 草莓酱15克
- 白砂糖5克
- 意式浓缩咖啡液30毫升

〔装饰〕

- 冻干草莓粒

〔做法〕

1. 淡奶油中放入白砂糖，打至五分发。
2. 杯中倒入温热的牛奶。
3. 放入草莓酱搅拌均匀。
4. 用勺子引流，倒入意式浓缩咖啡液。
5. 倒入打发好的奶盖。
6. 撒上冻干草莓粒装饰。

草莓抹茶拿铁

〔配方〕(2杯)

- 草莓酱50克
- 牛奶400毫升
- 淡奶油200毫升
- 抹茶粉6克
- 白砂糖20克
- 意式浓缩咖啡液60毫升

〔装饰〕

- 彩糖

1

2

3

4

〔做法〕

1 将草莓酱放入杯中。
2 倒入温热的牛奶。
3 倒入意式浓缩咖啡液，用勺子引流。
4 淡奶油中加抹茶粉和白砂糖，打发后挤在杯中，撒彩糖装饰。

草莓樱花拿铁

〔配方〕

- 意式浓缩咖啡液30毫升
- 草莓牛奶150毫升
- 冰块适量
- 淡奶油50毫升
- 白砂糖5克

〔装饰〕

- 樱花饼干
- 草莓巧克力脆珠

〔做法〕

1 杯子里放入冰块。
2 倒入草莓牛奶至五分满。
3 缓慢倒入意式浓缩咖啡液。
4 淡奶油中加入白砂糖打发，挤在杯子中。
5 撒上草莓巧克力脆珠，放上樱花饼干装饰。

粉墨雪顶拿铁

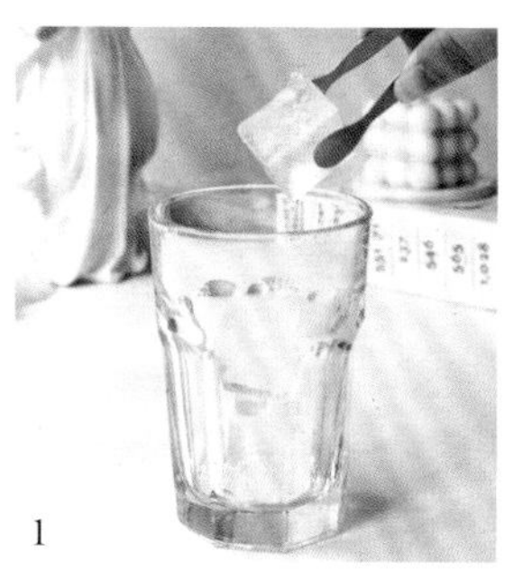
1

2

3

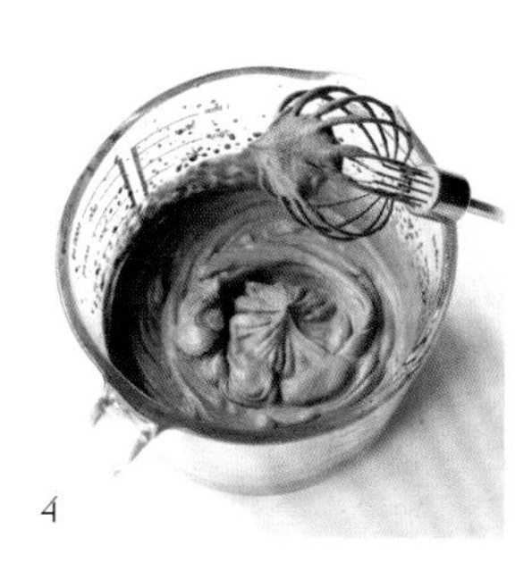
4

5

〔配方〕

- 意式浓缩咖啡液30毫升
- 草莓牛奶180毫升
- 冰块适量
- 淡奶油100毫升
- 食用炭粉4克
- 白砂糖10克

〔装饰〕

- 彩糖

〔做法〕

1 杯中放入适量冰块。

2 倒入草莓牛奶至七分满。

3 缓慢倒入意式浓缩咖啡液。

4 淡奶油中加入食用炭粉和白砂糖，打发至纹路清晰。

5 把奶油挤在杯子中，用彩糖装饰。

枫糖肉桂拿铁

［配方］

- 意式浓缩咖啡液30毫升
- 牛奶150毫升
- 枫糖浆15克

［装饰］

- 肉桂粉
- 枫叶

［做法］

1 杯中倒入意式浓缩咖啡液。
2 倒入枫糖浆混合均匀。
3 将温热的牛奶打出绵密的奶泡。
4 把奶泡倒入咖啡中。
5 撒上少许肉桂粉，放枫叶装饰。

桂花厚乳拿铁

〔配方〕(2杯)

- 意式浓缩咖啡液72毫升
- 提纯牛奶2盒
- 糖桂花30克
- 冰球适量

〔装饰〕

- 干桂花
- 叶子

〔做法〕

1 杯内壁涂抹糖桂花。
2 放入适量冰球。
3 倒入提纯牛奶。
4 倒入意式浓缩咖啡液。
5 撒上少许干桂花，放叶子装饰。

桂花酒酿拿铁

［配方］

- 牛奶150毫升
- 意式浓缩咖啡液36毫升
- 糖桂花15克
- 酒酿适量

［装饰］

- 干桂花

［做法］

1 将糖桂花涂抹在玻璃杯内侧，挂壁。

2 杯中放入酒酿至1/3处。

3 将温热的牛奶打出绵密的奶泡，倒入杯中至八分满。

4 倒入意式浓缩咖啡液。

5 撒少许干桂花装饰即可。

脏脏豆乳拿铁

〔配方〕

- 意式浓缩咖啡液30毫升
- 豆浆150毫升
- 白砂糖15克
- 巧克力酱少许

〔装饰〕

- 棉花糖
- 黄豆粉

〔做法〕

1 杯内壁涂抹巧克力酱。
2 在温热的豆浆中加入白砂糖。
3 打出厚厚的泡沫。
4 把豆浆倒入杯中。
5 缓慢倒入意式浓缩咖啡液。
6 放棉花糖装饰，撒黄豆粉。

1

2

3

4

5

6

桂花乌龙拿铁

〔配方〕
- 糖桂花15克
- 乌龙茶50毫升
- 牛奶100毫升
- 冰块适量
- 意式浓缩咖啡液30毫升
- 淡奶油60毫升
- 白砂糖6克

〔装饰〕
- 干桂花

〔做法〕
1. 将糖桂花倒入杯中。
2. 将乌龙茶和牛奶混合。
3. 糖桂花杯中放入冰块至七分满。
4. 倒入乌龙牛奶至八分满。
5. 倒入意式浓缩咖啡液。
6. 在淡奶油中加入白砂糖，打发成酸奶质地。
7. 将奶盖倒在咖啡上，撒干桂花装饰。

巧克力酷脆拿铁

〔配方〕
- 巧克力酱适量
- 冰块适量
- 牛奶适量
- 意式浓缩咖啡液30毫升
- 淡奶油100毫升
- 白砂糖10克

〔装饰〕
- 酷脆片

〔做法〕
1. 将巧克力酱倒在杯内壁上。
2. 放入冰块，倒入牛奶至七分满。
3. 倒入意式浓缩咖啡液。
4. 淡奶油中放入白砂糖，打发至硬挺，挤在咖啡上。
5. 放上酷脆片装饰。

HUNTERS

海盐玫瑰燕麦拿铁

［配方］

- 玫瑰糖浆15克
- 意式浓缩咖啡液36毫升
- 燕麦奶180毫升
- 淡奶油50毫升
- 白砂糖5克
- 海盐少许

［装饰］

- 玫瑰花瓣碎

［做法］

1 将玫瑰糖浆倒入温热的燕麦奶中，搅匀。
2 把玫瑰燕麦奶倒入杯中，至七分满。
3 淡奶油中加入白砂糖和海盐，打至五分发。
4 用勺子引流，杯中倒入意式浓缩咖啡液。
5 缓慢放上奶盖，撒玫瑰花瓣碎装饰。

红丝绒坚果拿铁

1

2

3

4

5

［配方］

- 意式浓缩咖啡液36毫升
- 红丝绒粉2克
- 白砂糖13克
- 冰块适量
- 牛奶70毫升
- 热水50毫升
- 淡奶油70毫升

［装饰］

- 坚果
- 饼干

［做法］

1. 红丝绒粉中加入5克白砂糖和热水，搅拌均匀，倒入放好冰块的杯中。
2. 倒入牛奶至七分满。
3. 缓慢倒入意式浓缩咖啡液。
4. 淡奶油中加入8克白砂糖，打发至硬挺，挤在杯中。
5. 放上坚果和饼干装饰。

开心果奶盖拿铁

〔配方〕

- 意式浓缩咖啡液50毫升
- 开心果酱15克
- 淡奶油70毫升
- 白砂糖7克
- 牛奶180毫升
- 糖浆10克
- 冰块适量

〔装饰〕

- 开心果碎

〔做法〕

1 杯中放入适量冰块。
2 倒入牛奶至七分满。
3 加入糖浆。
4 缓慢倒入意式浓缩咖啡液。
5 淡奶油、开心果酱和白砂糖混合，打至五分发。
6 在咖啡上倒入奶盖，撒少许开心果碎装饰。

1

2

3

4

5

6

可可冰砖拿铁

1

2

3

4

5

［配方］

- 牛奶冰砖1块
- 牛奶200毫升
- 意式浓缩咖啡液20毫升
- 冰块适量
- 可可粉适量
- 糖浆10克

［装饰］

- 香草

［做法］

1 杯中放入冰块至八分满。
2 倒入牛奶和糖浆。
3 倒入意式浓缩咖啡液。
4 将牛奶冰砖切成小方块，筛上一层可可粉。
5 将牛奶冰砖放在咖啡上，放香草装饰。

可可雪糕茉莉拿铁

1

2

3

4

5

〔配方〕

- 可可雪糕1支
- 意式浓缩咖啡液36毫升
- 牛奶180毫升
- 藻蓝粉15克
- 茉莉花糖浆15克
- 冰块半杯

〔装饰〕

- 茉莉花

〔做法〕

1 牛奶中倒入茉莉花糖浆。
2 加入藻蓝粉，搅拌均匀。
3 杯中放入冰块和可可雪糕。
4 倒入茉莉牛奶至八分满。
5 倒入意式浓缩咖啡液，撒上茉莉花装饰。

蓝丝绒雪顶拿铁

〔配方〕

- 牛奶250毫升
- 意式浓缩咖啡液36毫升
- 藻蓝粉14克
- 冰块适量
- 淡奶油100毫升
- 白砂糖10克

〔装饰〕

- 巧克力花

〔做法〕

1 10克藻蓝粉中加入50毫升牛奶，搅拌均匀，做成蓝丝绒液。
2 杯中放入冰块，倒入蓝丝绒液。
3 倒入剩余牛奶至八分满。
4 缓慢倒入意式浓缩咖啡液。
5 淡奶油中加入剩余藻蓝粉和白砂糖打发，把奶油挤在杯中，放巧克力花装饰。

陨石抹茶拿铁

〔配方〕

- 意式浓缩咖啡液30毫升
- 抹茶粉2克
- 牛奶200毫丌
- 黑糖珍珠适量
- 黑糖浆20克
- 冰块适量
- 热水少许

〔做法〕

1 抹茶粉中加入少许热水，搅拌至无颗粒。

2 把一半抹茶溶液与牛奶混合。

3 杯中放入黑糖珍珠。

4 用黑糖浆在杯内侧做挂壁。

5 放入冰块，倒入抹茶牛奶。

6 倒入另一半抹茶溶液。

7 缓慢倒入意式浓缩咖啡液即可。

生酪拿铁

〔配方〕

- 意式浓缩咖啡液36毫升
- 奶油奶酪30克
- 厚乳200毫升
- 白砂糖10克
- 冰块适量

〔做法〕

1 奶油奶酪中加入白砂糖和少许厚乳混合，隔水搅拌化开。
2 杯中放入适量冰块。
3 倒入奶酪液和剩余厚乳。
4 缓慢倒入意式浓缩咖啡液。

地球拿铁

〔配方〕

- 咖啡冰球1个
- 淡奶油100毫升
- 燕麦奶100毫升
- 藻蓝粉12克
- 抹茶粉1克
- 冰块适量
- 糖浆10克
- 饮用水适量

〔装饰〕

- 巧克力花
- 香草

〔做法〕

1 抹茶粉中加饮用水和糖浆，搅拌均匀。
2 淡奶油中加入藻蓝粉，打至五分发。
3 杯中倒入抹茶液，加入适量冰块。
4 倒入燕麦奶至八分满。
5 放上咖啡冰球，倒入蓝色奶油，放上装饰。

开心地球拿铁

〔配方〕

- 燕麦奶210毫升
- 蝶豆花粉1克
- 意式浓缩咖啡液36毫升
- 炼乳25克
- 冰块1杯
- 开心果酱5克

〔做法〕

1 在80毫升燕麦奶中加入蝶豆花粉和炼乳，搅拌均匀。
2 在开心果酱中加入80毫升燕麦奶，搅拌均匀。
3 杯中放入满杯冰块。
4 倒入蓝色燕麦奶。
5 倒入50毫升燕麦奶。
6 倒入开心果燕麦奶。
7 倒入意式浓缩咖啡液。

绵云焦糖拿铁

〔配方〕
- 意式浓缩咖啡液30毫升
- 焦糖酱适量
- 牛奶150毫升
- 淡奶油100毫升
- 白砂糖10克
- 冰块适量

〔装饰〕
- 焦糖饼干

〔做法〕
1. 杯内壁涂抹焦糖酱。
2. 放入适量冰块。
3. 倒入牛奶。
4. 倒入意式浓缩咖啡液。
5. 淡奶油加白砂糖，打发成奶盖。
6. 奶盖倒入杯中，焦糖饼干捏碎后放在咖啡上装饰。

茉莉冰博克拿铁

〔配方〕
- 意式浓缩咖啡液36毫升
- 冰博克150毫升
- 茉莉花糖浆10克
- 冰块适量

〔装饰〕
- 茉莉花

〔做法〕
1. 将冰博克倒入杯中。
2. 加入茉莉花糖浆，搅拌均匀。
3. 另一杯中放入冰块至五分满。
4. 倒入茉莉花冰博克。
5. 倒入意式浓缩咖啡液。
6. 用茉莉花装饰。

茉莉厚乳拿铁

〔配方〕

- 意式浓缩咖啡液30毫升
- 低温牛奶200毫升
- 茉莉花糖浆10克
- 冰块适量

〔装饰〕

- 茉莉花
- 叶子

〔做法〕

1 杯中放入适量冰块。
2 倒入低温牛奶至八分满。
3 倒入茉莉花糖浆。
4 搅拌均匀。
5 缓慢倒入意式浓缩咖啡液。
6 放上茉莉花和叶子装饰。

1

2

3

4

5

6

茉莉抹茶拿铁

〔配方〕

- 牛奶200毫升
- 意式浓缩咖啡液30毫升
- 茉莉花糖浆15克
- 冰块适量
- 淡奶油60毫升
- 白砂糖6克
- 抹茶粉1克
- 热水少许

〔装饰〕

- 茉莉花

〔做法〕

1. 抹茶粉加少许热水，用茶筅搅拌均匀。
2. 将抹茶液倒入淡奶油中，加入白砂糖，打发至浓稠。
3. 杯中放入冰块，倒入牛奶至八分满，加入茉莉花糖浆搅拌均匀。
4. 倒入意式浓缩咖啡液。
5. 最后倒入抹茶奶盖，放茉莉花装饰。

南瓜桂花拿铁

〔配方〕(2杯)

- 贝贝南瓜半个
- 糖桂花30克
- 牛奶400毫升
- 意式浓缩咖啡液60毫升
- 寒天脆啵啵适量
- 冰块适量

〔做法〕

1 杯中放入寒天脆啵啵。
2 倒入糖桂花。
3 贝贝南瓜蒸熟、压成泥，在杯内壁抹两圈。
4 放入大半杯冰块。
5 倒入牛奶至八分满。
6 缓慢倒入意式浓缩咖啡液。

太妃燕麦拿铁

〔配方〕

- 焦糖酱15克
- 巧克力酱少许
- 燕麦奶200毫升
- 意式浓缩咖啡液30毫升
- 淡奶油100毫升
- 白砂糖10克

〔装饰〕

- 巧克力脆珠
- 焦糖酱
- 榛果碎

1

2

3

4

〔做法〕

1 杯中放入焦糖酱，用巧克力酱在杯子内侧涂抹挂壁。
2 倒入温热的燕麦奶至八分满。
3 用勺子引流，倒入意式浓缩咖啡液。
4 淡奶油中加入白砂糖打发，挤入杯中，撒上巧克力脆珠和榛果碎，淋少许焦糖酱装饰。

瓦尔登蓝椰拿铁

〔配方〕

- 椰汁150毫升
- 椰浆30毫升
- 蝶豆花6朵
- 冰块1杯
- 意式浓缩咖啡液36毫升

〔做法〕

1 温热的椰汁中加入蝶豆花，泡出蓝色，把蝶豆花拣出。
2 蓝色的椰汁中加入椰浆搅拌均匀。
3 杯子里放入满杯冰块。
4 倒入蓝色椰奶至九分满。
5 缓慢倒入意式浓缩咖啡液。

西班牙燕麦拿铁

1

2

3

4

5

〔配方〕

- 意式浓缩咖啡液30毫升
- 燕麦奶适量
- 炼乳15克
- 蝶豆花冰球1杯
- 蝶豆花水30毫升

〔装饰〕

- 花瓣

〔做法〕

1 意式浓缩咖啡液中倒入炼乳，搅拌均匀。
2 杯中放入蝶豆花冰球（蝶豆花泡出蓝色，提前冻成冰球）。
3 倒入炼乳咖啡液。
4 倒燕麦奶至八分满。
5 倒入蝶豆花水，放花瓣装饰。

榛果云朵燕麦拿铁

〔配方〕

- 榛果巧克力酱20克
- 燕麦奶200毫升
- 意式浓缩咖啡液36毫升
- 冰块适量

〔装饰〕

- 三色花瓣

〔做法〕

1 杯子里放入满杯冰块。
2 倒入榛果巧克力酱挂壁。
3 倒入120毫升燕麦奶。
4 倒入意式浓缩咖啡液。
5 将80毫升燕麦奶打出奶泡。
6 把奶泡倒入杯中。
7 用三色花瓣装饰。

榛子生椰拿铁

〔配方〕

- 厚椰乳200毫升
- 意式浓缩咖啡液36毫升
- 榛子巧克力酱30克

〔装饰〕

- 黑巧克力
- 榛子碎

〔做法〕

1 黑巧克力隔水化开，在杯口裹上厚厚的一圈。
2 杯口撒上榛子碎，放至巧克力冷却凝固。
3 杯内壁抹上两圈榛子巧克力酱。
4 倒入温热的厚椰乳至八分满。
5 用勺子引流，倒入意式浓缩咖啡液。

紫薯绵云拿铁

〔配方〕

- 牛奶300毫升
- 紫薯粉6克
- 糖浆15克
- 意式浓缩咖啡液30毫升

〔装饰〕

- 紫薯粉
- 无花果
- 香草

〔做法〕

1 在200毫升温热的牛奶中加入紫薯粉。
2 搅打均匀。
3 加入糖浆，混合均匀。
4 将100毫升牛奶打出绵密的奶泡。
5 将紫薯牛奶倒入杯中。
6 倒入奶泡。
7 从中心倒入意式浓缩咖啡液。
8 表面撒一层紫薯粉。
9 用无花果和香草装饰。

紫薯生椰拿铁

［配方］

- 紫薯粉3克
- 意式浓缩咖啡液30毫升
- 厚椰乳200毫升
- 淡奶油50毫升
- 白砂糖5克

［装饰］

- 紫薯粉
- 棉花糖

［做法］

1 在温热的厚椰乳中加入紫薯粉，搅拌均匀。
2 把紫薯椰乳倒入杯中。
3 用勺子引流，倒入意式浓缩咖啡液。
4 淡奶油中加入白砂糖，打至五分发，倒入杯中。
5 撒上一层紫薯粉，用棉花糖装饰。

阿华田奶咖

〔配方〕

- 阿华田1袋
- 牛奶50毫升
- 意式浓缩咖啡液36毫升
- 淡奶油100毫升
- 白砂糖8克
- 可可粉2克
- 巧克力酱适量
- 冰块适量
- 温水100毫升

〔装饰〕

- 巧克力脆珠
- 饼干

〔做法〕

1 在杯内壁抹上巧克力酱。
2 阿华田用温水冲泡开，倒入放好冰块的杯中。
3 倒入牛奶和意式浓缩咖啡液。
4 淡奶油中加入白砂糖和可可粉，打发至硬挺，用裱花袋挤在咖啡上，放巧克力脆珠和饼干装饰。

薄荷盆栽拿铁

〔配方〕（2杯）

- 薄荷糖浆20克
- 牛奶240毫升
- 冰块适量
- 意式浓缩咖啡液60毫升

〔装饰〕

- 薄荷叶

〔做法〕

1 将薄荷糖浆倒入牛奶中。
2 搅拌均匀。
3 杯中放入满杯冰块。
4 倒入薄荷牛奶至九分满。
5 缓慢倒入意式浓缩咖啡液。
6 放上薄荷叶装饰。

1

2

3

4

5

6

金桂龙眼咖啡

〔配方〕(2杯)

- 挂耳咖啡1袋
- 龙眼肉80克
- 糖桂花20克
- 淡奶油50毫升
- 白砂糖5克
- 冰块适量
- 热水150毫升
- 饮用水150毫升

〔装饰〕

- 干桂花
- 龙眼

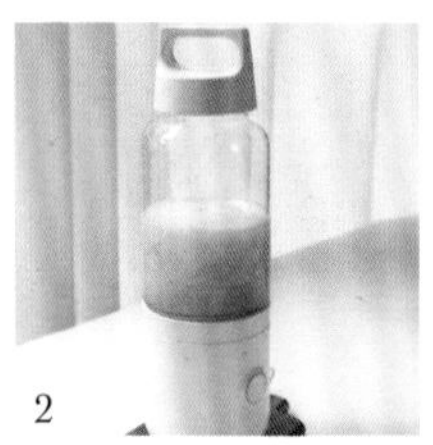

〔做法〕

1 挂耳咖啡中分三次注入热水，萃取出咖啡液。
2 龙眼肉加饮用水打成果汁。
3 杯中放入冰块至七分满。倒入糖桂花。
4 倒入龙眼果汁。
5 缓慢倒入咖啡液。
6 淡奶油中倒入白砂糖。
7 打发至浓稠。
8 将奶盖倒入杯中。
9 撒少许干桂花，放龙眼装饰。

玫瑰椰子糖咖啡

［配方］

- 椰子水150毫升
- 玫瑰糖浆10克
- 意式浓缩咖啡液50毫升
- 炼乳5克
- 淡奶油80毫升
- 冰块适量

［装饰］

- 椰丝

［做法］

1 在淡奶油中加入炼乳。
2 加入玫瑰糖浆。
3 打发成奶盖。
4 杯中放入冰块至七分满。
5 倒入椰子水。
6 缓慢倒入意式浓缩咖啡液。
7 倒入玫瑰奶盖。
8 放椰丝装饰。

老挝冰咖啡

〔配方〕

- 意式浓缩咖啡液50毫升
- 炼乳25～30克
- 淡奶80毫升
- 冰块1杯

〔做法〕

1 意式浓缩咖啡液中加入炼乳搅拌均匀。
2 杯中放入满杯冰块。
3 倒入炼乳咖啡液。
4 倒满淡奶。

维也纳咖啡

〔配方〕

- 意式浓缩咖啡液36毫升
- 淡奶油50毫升
- 炼乳20克
- 牛奶180毫升
- 冰块适量

〔装饰〕

- 可可粉
- 巧克力脆珠
- 香草

〔做法〕

1 淡奶油中加入炼乳，打发成缓慢流动的状态。
2 杯中放入适量冰块。
3 牛奶倒至八分满。
4 倒入意式浓缩咖啡液。
5 倒上炼乳奶油。
6 撒上可可粉和巧克力脆珠，放香草装饰。

棉花糖摩卡

〔配方〕

- 意式浓缩咖啡液36毫升
- 牛奶150毫升
- 巧克力酱适量
- 冰块适量

〔装饰〕

- 棉花糖
- 巧克力酱
- 巧克力

〔做法〕

1 用巧克力酱涂抹杯内壁。
2 倒入意式浓缩咖啡液。
3 放入冰块。
4 倒入牛奶。
5 放上棉花糖，淋上巧克力酱，放巧克力装饰。

Part 2 茶饮

蜜瓜柠檬冰茉莉绿茶

〔配方〕

- 哈密瓜果肉100克
- 柠檬4片
- 茉莉绿茶200毫升
- 糖浆25克
- 冰块适量

〔装饰〕

- 哈密瓜果肉
- 青柠片

〔做法〕

1 雪克杯中放入哈密瓜果肉。
2 放入柠檬片和3块冰块，大力碾压捶打出汁。
3 倒入糖浆、茉莉绿茶摇匀。
4 杯中放入冰块，倒入茶汤，放上装饰。

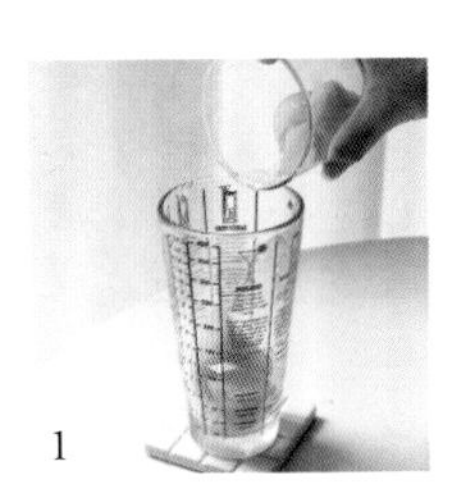
1

2

3

4

青提柠檬冰茉莉绿茶

〔配方〕

- 青提100克
- 柠檬4片
- 茉莉绿茶200毫升
- 糖浆25克
- 冰块适量

〔装饰〕

- 青提
- 青柠片

〔做法〕

1 雪克杯中放入青提。
2 放入柠檬片和3块冰块，大力碾压捶打出汁。
3 倒入糖浆、茉莉绿茶摇匀。
4 杯中放入冰块，倒入茶汤，放上装饰。

1

2

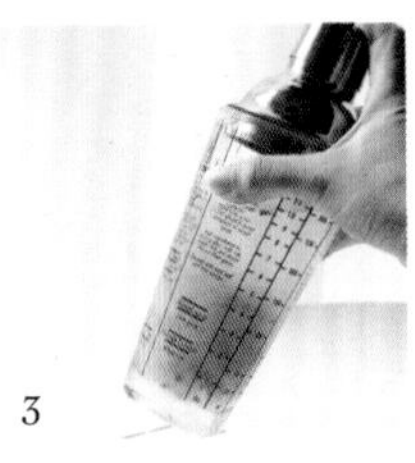
3

4

Enjoy
Sprite
Enjoy
Sprite
"
i LOVE YOU
JUST THE
WAY YOU ARE.
"

薄荷奶绿

［配方］
- 绿茶1袋
- 热水150毫升
- 薄荷糖浆30克
- 牛奶200毫升
- 冰块适量

［装饰］
- 薄荷叶

［做法］
1. 将绿茶用热水泡出茶汤。
2. 在茶汤中倒入牛奶。
3. 倒入薄荷糖浆摇匀。
4. 杯中倒入满杯冰块，倒入放凉的茶汤。
5. 放上薄荷叶装饰。

橙香龙井

［配方］
- 橙汁50毫升
- 龙井茶叶2克
- 柠檬汁10毫升
- 糖浆10克
- 冰块适量
- 热水100毫升

［装饰］
- 花瓣
- 香草

［做法］
1. 将龙井茶叶用热水浸泡6分钟。
2. 杯中放入满杯冰块。
3. 倒入橙汁、柠檬汁和糖浆。
4. 倒满放凉的龙井茶，放花瓣和香草装饰。

话梅柠檬绿茶

〔配方〕
- 柠檬1个
- 小青柠5个
- 话梅5个
- 冰糖35克
- 绿茶1袋
- 清水600毫升

〔装饰〕
- 香草

〔做法〕
1. 柠檬切片，小青柠对半切开。
2. 清水中放入绿茶包，煮出茶色后捞出茶包。
3. 放入柠檬片、小青柠、话梅、冰糖，小火煮3分钟，倒入杯中，放上装饰。

茉莉石榴冰茶

〔配方〕
- 石榴半个
- 茉莉绿茶120毫升
- 糖浆10克
- 柠檬1/4个
- 冰块适量

〔装饰〕
- 青柠角
- 石榴籽
- 香草

〔做法〕
1. 将石榴籽和柠檬一起放入雪克杯，用力捣出果汁。
2. 杯中放入满杯冰块，倒入果汁和糖浆。
3. 倒满茉莉绿茶。
4. 用青柠角、石榴籽、香草装饰。

蜜桃柠檬茉莉绿茶

〔配方〕

- 水蜜桃果肉50克
- 糖浆20克
- 青柠5片
- 火龙果汁少许
- 茉莉绿茶200毫升
- 冰块适量

〔装饰〕

- 桃子角
- 青柠片

〔做法〕

1 雪克杯中放入青柠片、水蜜桃果肉和冰块，捶打出汁。
2 加入糖浆。
3 倒入火龙果汁。
4 倒入茉莉绿茶，用力摇匀。
5 杯中放入适量冰块。
6 倒入茶汤，放上装饰。

1

2

3

4

5

6

抹茶茉莉绿茶

［配方］（2杯）

- 牛奶100毫升
- 茉莉绿茶200毫升
- 炼乳70克
- 抹茶粉6克
- 冰块适量

［做法］

1 抹茶粉中加入茉莉绿茶，充分搅打均匀。
2 加入炼乳。
3 加入牛奶。
4 搅拌均匀。
5 杯中加入适量冰块。
6 倒入抹茶茉莉绿茶。

1 2 3 4 5 6

青提荔枝冰茉莉绿茶

[配方]

- 青提8粒
- 青柠3片
- 去核荔枝6颗
- 糖浆15克
- 茉莉绿茶200毫升
- 冰块适量

[装饰]

- 青提
- 香草

[做法]

1 雪克杯中放入2片青柠片。
2 放入去皮的青提。
3 倒入去核荔枝，碾压出果汁。
4 倒入糖浆。
5 加入茉莉绿茶。
6 摇匀。
7 杯中放入冰块和1片青柠片。
8 倒入摇匀的果茶，放上装饰。

青提珍珠龙井

〔配方〕

- 青提6粒
- 龙井茶200毫升
- 糖浆12克
- 马蹄爆爆珠适量
- 冰块适量

〔装饰〕

- 青提
- 巧克力花
- 香草

〔做法〕

1. 青提捣出果汁。
2. 加入马蹄爆爆珠。
3. 放入满杯冰块。
4. 倒入糖浆。
5. 倒满龙井茶。
6. 放上装饰。

手打黄皮柠檬绿茶

〔配方〕

- 冰糖黄皮果50克
- 香水柠檬半个
- 冰糖糖浆25克
- 茉莉绿茶200毫升
- 冰块适量
- 青柠1片

〔装饰〕

- 冰糖黄皮果
- 青柠片
- 香草

〔做法〕

1 香水柠檬切厚片，放入雪克杯。
2 加入冰糖黄皮果。
3 放入少许冰块。
4 用力捶打出汁。
5 倒入冰糖糖浆。
6 加入茉莉绿茶。
7 充分摇匀。
8 杯中放入半杯冰块和青柠片。
9 倒入摇好的果茶，放上装饰。

泰式奶蓝

［配方］

- 茉莉绿茶茶叶3克
- 蝶豆花20朵
- 热水200毫升
- 炼乳30克
- 淡奶50毫升
- 冰块适量

［做法］

1 将蝶豆花和茉莉绿茶茶叶混合。
2 倒入热水浸泡10分钟。
3 过滤掉茶叶。
4 在茶汤中加入炼乳，搅匀。
5 杯中加入冰块。
6 倒入放凉的茶汤。
7 倒入淡奶。

西瓜茉莉冰茶

［配方］

- 茉莉绿茶180毫升
- 西瓜果肉适量
- 糖浆10克
- 冰块适量

［装饰］

- 西瓜块
- 茉莉花

［做法］

1 西瓜果肉切块，捣出果汁。
2 杯中加入冰块。
3 倒入西瓜汁至五分满。
4 倒入糖浆。
5 倒满茉莉绿茶。
6 用西瓜块和茉莉花装饰。

西瓜椰绿

［配方］（2杯）

- 西瓜果肉适量
- 椰汁400毫升
- 茉莉绿茶100毫升
- 薄荷糖浆20克
- 冰块适量

［做法］

1. 将茉莉绿茶和300毫升椰汁混合。
2. 加入薄荷糖浆搅拌均匀。
3. 将西瓜果肉和100毫升椰汁放入破壁机搅打均匀。
4. 杯中放入满杯冰块。
5. 倒入薄荷椰汁至五分满。
6. 缓慢倒入西瓜椰汁。

香茅柠檬绿茶

［配方］

- 香茅1根
- 青柠4片
- 糖浆25克
- 绿茶200毫升
- 冰块适量

［装饰］

- 青柠片
- 香茅

［做法］

1 香茅切段，放入雪克杯中捶打出香气。
2 放入3片青柠在雪克杯中。
3 加入少许冰块。
4 用力捶打。
5 雪克杯中倒入绿茶。
6 倒入糖浆。
7 用力摇匀。
8 杯中放入冰块和1片青柠，倒入茶汤，放上装饰。

山楂茉莉冰茶

[配方]

- 山楂5个
- 苹果1个
- 清水150毫升
- 茉莉绿茶80毫升
- 糖浆10克
- 冰块少许
- 冰球1个

[装饰]

- 山楂
- 香草

[做法]

1 将山楂和苹果去核、切成小块，放入茶壶。
2 倒入清水煮沸，再小火煮10分钟。
3 取100毫升茶汤，放凉备用。
4 雪克杯中倒入茉莉绿茶和糖浆。
5 倒入苹果山楂茶，加入少许冰块摇匀。
6 杯中放入冰球，倒入茶汤，放上装饰。

手打柠檬白月光

［配方］

- 青柠6片
- 厚椰乳200毫升
- 绿茶70毫升
- 糖浆20克
- 冰块适量

［装饰］

- 青柠片
- 薄荷叶

［做法］

1 雪克杯中放入4片青柠。
2 加入3块冰块。
3 倒入糖浆，用力捶打出汁。
4 加入绿茶和厚椰乳摇匀。
5 杯中放入2片青柠和冰块。
6 倒入茶汤，用青柠片和薄荷叶装饰。

西柚茉莉冰茶

[配方]

- 西柚果肉适量
- 茉莉绿茶100毫升
- 西柚汁50毫升
- 糖浆10克
- 冰块适量

[装饰]

- 西柚角
- 香草

[做法]

1. 将西柚果肉放入杯中，捣出果汁。
2. 放入满杯冰块。
3. 倒入西柚汁。
4. 加入糖浆。
5. 倒满茉莉绿茶，放上装饰。

玫瑰苹果红茶

〔配方〕

- 苹果汁100毫升
- 玫瑰糖浆15克
- 锡兰红茶1袋
- 热水100毫升
- 冰块适量

〔装饰〕

- 苹果片
- 玫瑰花瓣碎
- 香草

〔做法〕

1 锡兰红茶用热水浸泡6分钟。
2 杯中放入冰块至八分满。
3 倒入玫瑰糖浆。
4 倒入放凉的锡兰红茶至五分满。
5 倒入苹果汁至满杯，放上装饰。

桂花栗子牛乳茶

〔配方〕

- 牛奶100毫升
- 锡兰红茶200毫升
- 糖浆15克
- 糖桂花6克
- 淡奶油60毫升
- 桂花栗子泥：
  栗仁150克
  糖桂花15克
  饮用水80毫升

〔装饰〕

- 栗仁
- 香草
- 干桂花

〔做法〕

1 将温热的牛奶、锡兰红茶、糖浆混合均匀。

2 将栗仁、糖桂花、饮用水放入破壁机打成桂花栗子泥。

3 在杯内壁涂抹桂花栗子泥。

4 倒入奶茶。

5 将淡奶油和糖桂花打发成奶盖。

6 将奶盖倒入杯中。

7 挤上两圈桂花栗子泥。

8 用栗仁、香草和干桂花装饰。

肉桂苹果红茶

〔配方〕

- 苹果醋20毫升
- 肉桂糖浆15克
- 锡兰红茶200毫升
- 冰块适量

〔装饰〕

- 肉桂
- 香草
- 苹果块

〔做法〕

1 杯中加入满杯冰块。
2 倒入肉桂糖浆。
3 倒入苹果醋。
4 倒满锡兰红茶，放上装饰。

山楂香橙红茶

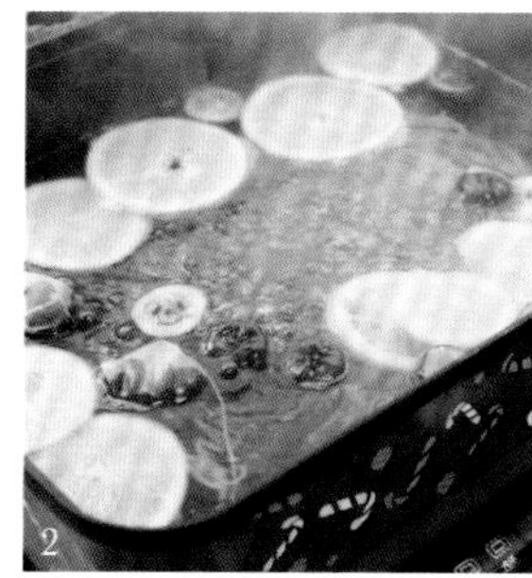

〔配方〕

- 橙子1个
- 柠檬半个
- 山楂5个
- 冰糖35克
- 锡兰红茶2袋
- 清水800毫升

〔装饰〕

- 山楂
- 香草

〔做法〕

1. 橙子和柠檬切片，山楂对半切开。
2. 将清水、锡兰红茶和水果一起放入锅中煮沸。
3. 加入冰糖，小火煮至化开，倒入杯中后放上装饰即可。

橙香乌龙

1

2

3

4

［配方］（2杯）

- NFC橙汁300毫升
- 乌龙茶200毫升
- 蔗糖糖浆20克
- 冰块适量

［装饰］

- 橙子片
- 香草

［做法］

1 杯中放入满杯冰块。
2 倒入NFC橙汁。
3 加入蔗糖糖浆。
4 倒满乌龙茶。放橙子片和香草装饰。

海盐雪顶金萱乌龙

〔配方〕

- 金萱乌龙茶茶叶2克
- 沸水200毫升
- 糖浆10克
- 冰块适量
- 淡奶油100毫升
- 白砂糖10克
- 海盐少许
- 茶冻：
  金萱乌龙茶茶叶2克
  白凉粉10克
  白砂糖10克
  沸水200毫升

〔装饰〕

- 巧克力花
- 焦糖碎

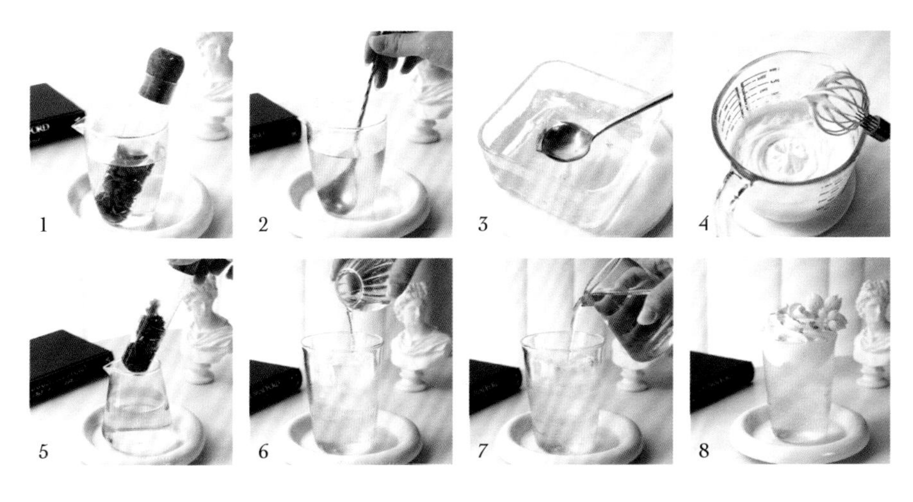

〔做法〕

1 制作茶冻：将金萱乌龙茶茶叶用沸水泡出茶汤。
2 取出茶叶，倒入白凉粉、白砂糖，混合搅拌均匀。
3 将茶汤倒入碗中冷却，凝固后切块，做成茶冻。
4 淡奶油中加入白砂糖和海盐，打发至硬挺。
5 金萱乌龙茶茶叶用沸水泡出茶汤。
6 杯中放入茶冻、冰块和糖浆。
7 倒入放凉的茶汤至八分满。
8 挤上奶油顶，放上装饰。

金桂乌龙牛乳茶

［配方］

- 乌龙茶100毫升
- 牛奶120毫升
- 糖桂花20克

［装饰］

- 干桂花

［做法］

1. 杯中倒入糖桂花。
2. 牛奶用蒸汽棒打出绵密的奶泡。
3. 将热奶泡倒入杯中。
4. 倒入温热的乌龙茶。
5. 撒上干桂花增香。

椰椰蜜桃冰茶

［配方］

- 白桃乌龙茶200毫升
- 桃子1个
- 白砂糖10克
- 藻蓝粉2克
- 椰子水300毫升
- 火龙果汁少许
- 冰块适量
- 桃子冻：

  桃子皮适量

  白砂糖10克

  白凉粉10克

  清水200毫升

［装饰］

- 巧克力花
- 香草

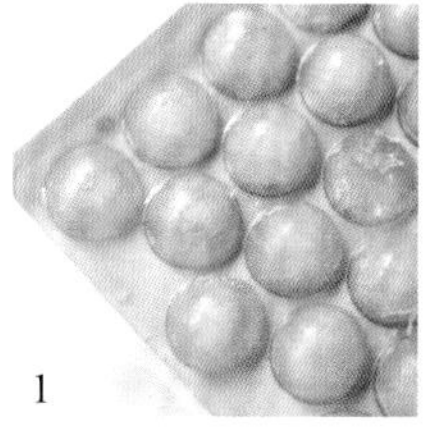

1

2

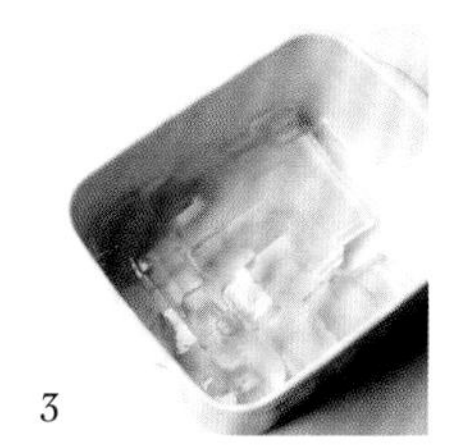

3

4

5

6

7

［做法］

1 椰子水中加入藻蓝粉，搅拌均匀，冻成冰球。

2 制作桃子冻：将桃子皮、白凉粉、白砂糖放入清水中，煮出粉色。

3 倒入碗中冷却，凝固后切块。

4 杯中放入桃子冻和冰块。

5 将桃子果肉、白桃乌龙茶、火龙果汁、白砂糖倒入破壁机中，搅打均匀。

6 把果茶倒入杯中。

7 放上冻好的椰子冰球，用巧克力花和香草装饰。

青提乌龙

［配方］

- 去皮青提5粒
- 糖浆10克
- 乌龙茶1袋
- 冰块适量
- 热水150毫升

［装饰］

- 青提
- 香草

［做法］

1. 乌龙茶放入热水中浸泡6分钟。
2. 雪克杯中放入去皮青提，捣出果汁。
3. 加入糖浆、少许冰块和放凉的乌龙茶，摇匀。
4. 杯中放入满杯冰块。
5. 倒入茶汤，放上装饰即可。

石榴鸭屎香柠檬茶

［配方］（2杯）

- 石榴半个
- 鸭屎香茶叶2克
- 糖浆25克
- 柠檬1个
- 热水300毫升
- 冰块适量

［装饰］

- 石榴籽
- 柠檬片

［做法］

1. 将鸭屎香茶叶放入热水中泡出茶汤，放凉。
2. 柠檬切片，5片柠檬加入少许冰块捣出果汁。
3. 倒入茶汤和糖浆，充分摇匀。
4. 石榴籽压出果汁。
5. 杯中放入冰块和柠檬片，倒入石榴汁，倒满柠檬鸭屎香茶汤，放上装饰。

水晶葡萄冰茶

〔配方〕

- 马蹄爆爆珠适量
- 葡萄乌龙冷泡茶1袋
- 葡萄冰球适量
- 糖浆15克
- 冰块适量
- 冷水200毫升
- 葡萄冻：
  葡萄10粒
  白砂糖10克
  白凉粉12克
  清水200毫升

〔装饰〕

- 巧克力花
- 香草

〔做法〕

1 制作葡萄冻：把葡萄皮和果肉分离。
2 将葡萄皮、白凉粉、白砂糖和清水煮沸。
3 过滤掉葡萄皮，把液体倒入碗中冷却，凝固后切块。
4 杯中放入葡萄冻和马蹄爆爆珠。
5 加入适量冰块。
6 将冷泡茶茶包放入冷水中泡出茶汤。
7 将茶汤倒入杯中至七分满。
8 加入糖浆。
9 放上葡萄冰球（葡萄汁提前冷冻）和装饰。

云顶蜜桃乌龙茶

〔配方〕

- 水蜜桃1个
- 蜜桃乌龙茶1袋
- 白砂糖10克
- 火龙果汁少许
- 马蹄爆爆珠适量
- 热水200毫升
- 淡奶油100毫升
- 白砂糖10克
- 蜜桃冻：
  白凉粉10克
  清水200毫升
  白砂糖10克
  桃子皮适量

〔装饰〕

- 桃子片
- 彩糖

〔做法〕

1 制作蜜桃冻：将桃子皮、白凉粉、白砂糖加清水煮出粉色。

2 捞出桃子皮后把液体倒入碗中冷却，凝固后切块。

3 蜜桃乌龙茶包放入热水中泡出茶汤。

4 将水蜜桃果肉、火龙果汁、白砂糖、蜜桃乌龙茶放入破壁机搅打均匀。

5 杯中放入马蹄爆爆珠和蜜桃冻。

6 倒入打好的果茶至八分满。

7 淡奶油中加入白砂糖打发。

8 将奶油挤在果茶上，用桃子片和彩糖装饰。

翡翠阳光青提

〔配方〕

- 青提5粒
- 青柠5片
- 茉莉花茶150毫升
- 糖浆15克
- 冰块适量
- 茉莉茶冻：
  白凉粉10克
  茉莉花茶200毫升
  白砂糖10克

〔装饰〕

- 青提
- 青柠片

〔做法〕

1. 制作茉莉茶冻：将白凉粉、茉莉花茶、白砂糖放入锅中煮沸。
2. 将液体倒入碗中冷却，凝固后切块。
3. 将青提和3片青柠一起放入杯中捣出果汁。
4. 加入糖浆。
5. 倒入茉莉花茶。
6. 加冰块搅匀。
7. 另一玻璃杯中放入茉莉茶冻。
8. 放入冰块和2片青柠。
9. 倒入青提柠檬茶。
10. 放上青提和青柠片装饰。

蜂蜜茉莉石榴冰茶

1

2

3

4

5

〔配方〕

- 软籽石榴1个
- 茉莉花茶茶叶2克
- 蜂蜜15克
- 冰块适量
- 热水100毫升

〔装饰〕

- 香草
- 茉莉花

〔做法〕

1 将一部分石榴籽捣出果汁。
2 杯中放入剩余石榴籽和冰块。
3 把石榴汁过滤到杯中。
4 将茉莉花茶茶叶加热水浸泡，茶汤放凉后加入蜂蜜搅匀。
5 把茉莉花茶缓慢倒入杯中，放上装饰。

绵云抹茶茉莉

［配方］

- 抹茶牛奶100毫升
- 淡奶油50毫升
- 白砂糖6克
- 茉莉花糖浆10克
- 冰块适量

［装饰］

- 茉莉花
- 香草

［做法］

1 抹茶牛奶中加入茉莉花糖浆搅匀。
2 杯中放入冰块。
3 倒入茉莉抹茶牛奶至八分满。
4 淡奶油中加入白砂糖，打发成奶盖。
5 在杯中倒入奶盖，用茉莉花和香草装饰。

茉莉西柚奶盖茶

〔配方〕

- 茉莉花茶茶叶3克
- 热水100毫升
- 西柚果汁200毫升
- 淡奶油50毫升
- 糖浆10克
- 白砂糖10克
- 海盐西柚果干少许
- 海盐少许

〔装饰〕

- 西柚片
- 香草

〔做法〕

1 淡奶油中加入白砂糖和海盐，打发成奶盖。
2 杯中放入海盐西柚果干。
3 倒入糖浆。
4 茉莉花茶茶叶用热水浸泡10分钟，将放凉的茶汤倒入杯中。
5 倒入西柚果汁至八分满。
6 放入奶盖和装饰。

1

2

3

4

5

6

香橙茉莉奶盖茶

1

2

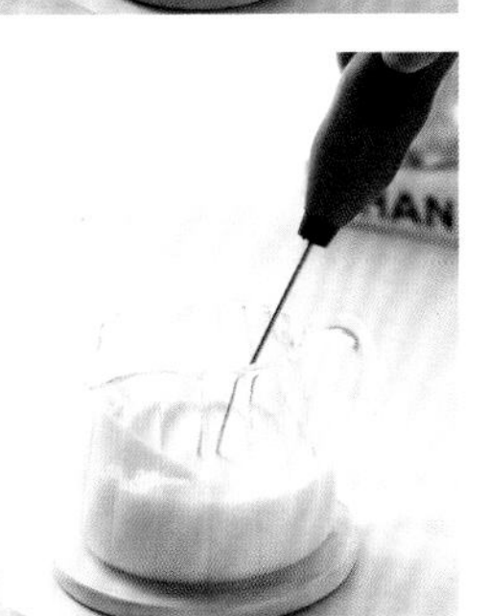
3

4

［配方］

- NFC橙汁100毫升
- 茉莉花茶50毫升
- 冰块适量
- 淡奶油60毫升
- 白砂糖6克

［装饰］

- 橙子片
- 香草

［做法］

1. 杯中放入冰块至六分满，倒入茉莉花茶。
2. 倒入NFC橙汁。
3. 淡奶油中加入白砂糖，打发成奶盖。
4. 把奶盖倒入杯中，放上装饰。

黑芝麻桂花厚椰乳

〔配方〕（2杯）

- 干桂花2克
- 热水100毫升
- 零卡糖10克
- 淡奶油100毫升
- 厚椰乳250毫升
- 竹炭粉1克
- 黑芝麻酱40克

〔装饰〕

- 椰子脆片
- 饼干

〔做法〕

1 干桂花加入零卡糖，用热水冲泡出茶汤。

2 杯内壁涂抹少许黑芝麻酱。

3 倒入桂花茶。

4 倒入温热的厚椰乳至八分满。

5 淡奶油中加入30克黑芝麻酱和竹炭粉，打发后挤在杯中。

6 用椰子脆片和饼干装饰。

1 2

3

4 5

6

桂花百合雪梨茶

〔配方〕

- 雪梨1个
- 百合1克
- 桂花1克
- 冰糖35克
- 清水1000毫升
- 枸杞子1克

〔装饰〕

- 雪梨干
- 香草

〔做法〕

1 雪梨去皮、切小块。
2 锅中加入清水。
3 放入桂花、梨块、百合，小火煮10分钟。
4 倒入冰糖和枸杞子煮3分钟，盛入杯中，放上装饰即可。

桂花石榴冰茶

［配方］
- 石榴籽50克
- 干桂花1克
- 糖浆10克
- 热水150毫升
- 冰块适量

［装饰］
- 干桂花

［做法］
1. 将干桂花用热水浸泡6分钟。
2. 石榴籽捣出果汁。
3. 杯中放入冰块。
4. 倒入石榴汁。
5. 加入糖浆。
6. 倒满放凉的桂花茶，撒上干桂花增香。

金桂龙眼奶盖茶

［配方］
- 去核龙眼肉50克
- 干桂花1克
- 糖桂花25克
- 热水200毫升
- 淡奶油60毫升
- 白砂糖6克

［装饰］
- 干桂花

［做法］
1. 干桂花用热水浸泡10分钟，滤出茶汤备用。
2. 龙眼肉放入杯中捣出果汁。
3. 放入糖桂花，倒入桂花茶。
4. 淡奶油中加入白砂糖，打发成奶盖。
5. 将奶盖倒入茶中。
6. 撒上干桂花装饰。

苹果玫瑰红枣茶

〔配方〕
- 苹果1个
- 红枣6个
- 红糖15克
- 玫瑰花4克
- 枸杞子适量
- 清水600毫升

〔装饰〕
- 苹果片

〔做法〕
1. 红枣对半切开，去掉枣核。
2. 苹果切块。
3. 清水里放入苹果、红枣、红糖、玫瑰花，小火煮8分钟。
4. 倒入枸杞子再煮2分钟，盛出后放苹果片装饰即可。

石榴玫瑰茶

〔配方〕
- 石榴籽100克
- 玫瑰花3克
- 冰糖1块
- 清水350毫升

〔做法〕
1. 茶壶中倒入清水。
2. 放入石榴籽和玫瑰花。
3. 加入冰糖。
4. 煮沸后再小火煮10分钟。

玫瑰葡萄冰茶

1

2

3

4

5

〔配方〕

- 玫瑰花2朵
- 温水150毫升
- 葡萄冰球适量
- 蜂蜜15克
- 冰块适量

〔装饰〕

- 香草

〔做法〕

1 玫瑰花放入温水中浸泡10分钟。
2 在泡好的玫瑰花茶中加入蜂蜜，搅拌均匀。
3 杯子里放入冰块。
4 倒入玫瑰花茶。
5 放上葡萄冰球，加香草装饰。

Part 3 鸡尾酒

白桃西柚起泡酒

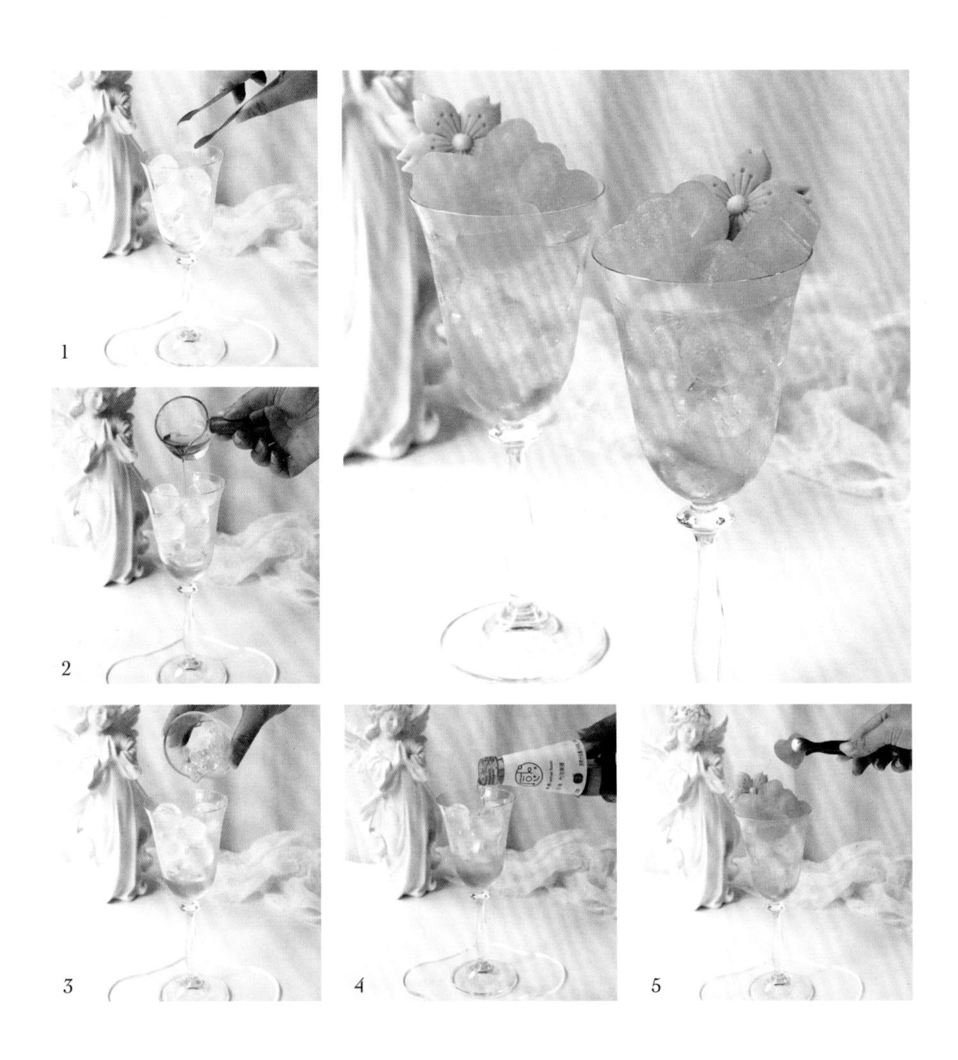

〔配方〕

- 白桃起泡酒适量
- 冰球适量
- 西柚冰块适量
- 樱花糖浆10克
- 马蹄爆爆珠少许

〔装饰〕

- 巧克力花

〔做法〕

1 杯中放入冰球至八分满。
2 倒入樱花糖浆。
3 加入少许马蹄爆爆珠。
4 倒入白桃起泡酒至八分满。
5 放上西柚冰块（西柚果汁提前冷冻）和巧克力花。

橙香柠檬起泡酒

1

2

3

4

〔配方〕

- 柠檬起泡酒适量
- 橙汁30毫升
- 冰块适量
- 蝶豆花冰球适量

〔装饰〕

- 柠檬片
- 香草

〔做法〕

1 杯中放入冰块至八分满。
2 倒入橙汁。
3 放上一层蝶豆花冰球（蝶豆花泡出蓝色茶汤后冷冻）。
4 倒入柠檬起泡酒至八分满，放上装饰。

葡萄玫瑰起泡酒

〔配方〕

- 葡萄果汁50毫升
- 玫瑰起泡酒适量
- 碎冰适量
- 气泡水适量

〔装饰〕

- 葡萄
- 香草

〔做法〕

1 杯中放入半杯碎冰。

2 倒入葡萄果汁。

3 补满碎冰，倒入玫瑰起泡酒至五分满。

4 倒满气泡水，放上装饰。

樱花粉荔起泡酒

1

2

3

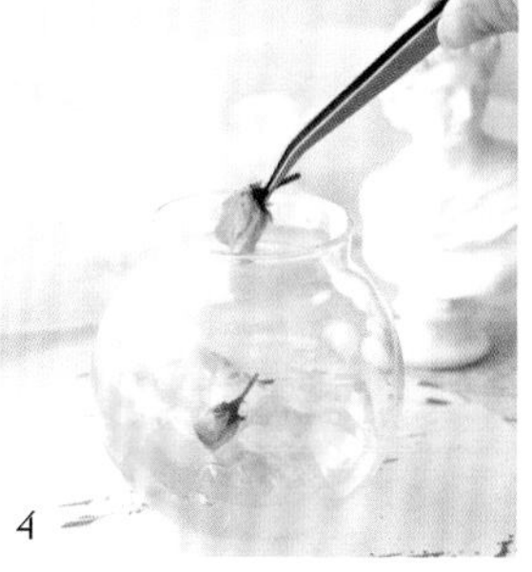
4

5

［配方］

- 盐渍樱花5朵
- 荔枝玫瑰起泡酒适量
- 冰块适量
- 樱花凉粉:
  樱花糖浆10克
  白凉粉5克
  清水100毫升

［装饰］

- 花瓣

［做法］

1 制作樱花凉粉：将樱花糖浆、白凉粉、清水混合，煮沸。

2 倒入碗中冷却，凝固后切块。

3 杯中放入小半杯樱花凉粉。

4 用盐渍樱花（提前泡去盐粒）点缀。

5 放入满杯冰块，倒满荔枝玫瑰起泡酒，放花瓣装饰。

樱花之恋

〔配方〕
- 起泡酒80毫升
- 樱花糖浆15克
- 樱花冰球适量
- 冰块适量

〔装饰〕
- 香草

〔做法〕
1. 杯中放入冰块至七分满。
2. 放上樱花冰球（盐渍樱花泡去盐粒后加水冷冻）。
3. 倒入樱花糖浆。
4. 倒满起泡酒。
5. 用香草装饰。

金茉莉

〔配方〕
- 茉莉花茶60毫升
- 金酒30毫升
- 柠檬汁10毫升
- 糖浆15克
- 方冰1块

〔装饰〕
- 茉莉花
- 叶子

〔做法〕
1. 雪克杯中倒入茉莉花茶。
2. 倒入金酒、柠檬汁和糖浆，充分摇匀。
3. 杯中放入方冰。
4. 倒入酒液，放上装饰。

红玫瑰

〔配方〕
- 洛神花茶80毫升
- 金酒30毫升
- 玫瑰糖浆10克
- 方冰1块

〔装饰〕
- 玫瑰花

〔做法〕
1. 雪克杯中倒入洛神花茶。
2. 倒入金酒和玫瑰糖浆，充分摇匀。
3. 杯中放入方冰。
4. 倒入酒液，用玫瑰花装饰。

玫瑰情人

〔配方〕
- 粉红金酒40毫升
- 荔枝气泡水50毫升
- 玫瑰糖浆10克
- 柠檬汁10克
- 冰球1个
- 冰块少许

〔装饰〕
- 玫瑰花

〔做法〕
1. 雪克杯中加入粉红金酒。
2. 倒入玫瑰糖浆和柠檬汁。
3. 放入冰块摇匀。
4. 杯中放入冰球。
5. 倒入酒液，倒满荔枝气泡水，用玫瑰花装饰。

姹紫嫣红石榴酒

〔配方〕

- 金酒20毫升
- 海盐菠萝气泡水适量
- 石榴汁50毫升
- 蝶豆花水少许
- 冰块适量
- 柠檬汁几滴

〔装饰〕

- 香草

〔做法〕

1 杯中放入满杯冰块。
2 倒入石榴汁。
3 加入金酒。
4 倒入海盐菠萝气泡水至八分满。
5 蝶豆花水加入几滴柠檬汁，变成紫色后倒入杯中，用香草装饰。

玫瑰石榴气酒

〔配方〕

- 金酒20毫升
- 白桃气泡水适量
- 石榴汁20毫升
- 玫瑰糖浆15克
- 冰块适量

〔装饰〕

- 蜂蜜
- 玫瑰花瓣碎

〔做法〕

1 杯口抹蜂蜜，粘上玫瑰花瓣碎。

2 杯中放入满杯冰块。

3 倒入玫瑰糖浆。

4 加入石榴汁。

5 倒入金酒。

6 倒满白桃气泡水。

玫瑰甜心

〔配方〕

- 粉红金酒50毫升
- 桃子汁80毫升
- 玫瑰糖浆10克
- 冰块适量

〔装饰〕

- 蜂蜜
- 白砂糖
- 玫瑰花瓣碎

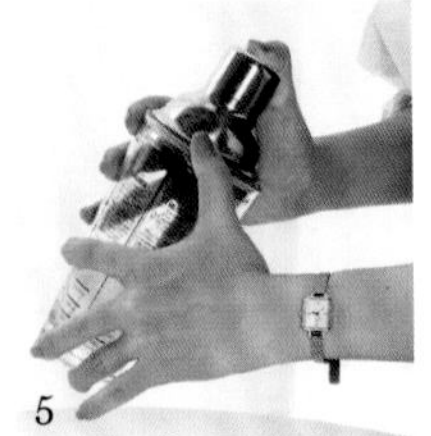

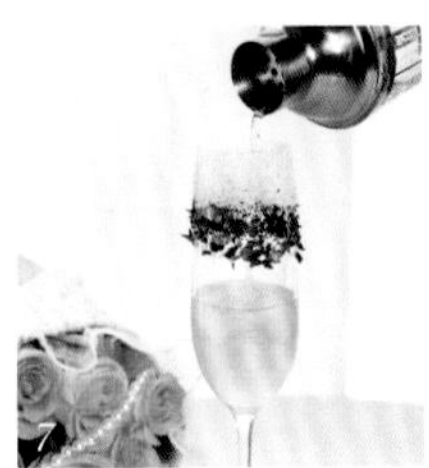

〔做法〕

1 杯口刷上一层蜂蜜，粘上白砂糖和玫瑰花瓣碎装饰。
2 雪克杯中加入粉红金酒。
3 倒入桃子汁。
4 倒入玫瑰糖浆。
5 加入少许冰块摇匀。
6 杯中加入适量冰块。
7 倒入酒液。

甜心莓莓

〔配方〕

- 树莓5个
- 粉红金酒20毫升
- 糖浆8克
- 气泡水适量
- 冰块适量

〔装饰〕

- 树莓
- 香草

〔做法〕

1 树莓放入杯中，压出果汁。
2 放入冰块。
3 加入糖浆。
4 倒入粉红金酒。
5 倒满气泡水，放上装饰。

摇滚莓莓

〔配方〕

- 金酒20毫升
- 树莓10粒
- 树莓糖浆10克
- 气泡水100毫升
- 冰块少许
- 碎冰适量

〔装饰〕

- 柠檬片
- 树莓
- 香草

〔做法〕

1 树莓放入杯中，压出果汁。
2 雪克杯中倒入金酒。
3 加入树莓糖浆。
4 加入少许冰块用力摇匀。
5 杯中放入满杯碎冰。
6 倒入酒液。
7 倒满气泡水，放上装饰。

紫色霓虹

〔配方〕

- 粉红金酒50毫升
- 蓝莓5颗
- 火龙果汁10毫升
- 糖浆15毫升
- 冰块适量
- 苏打水适量

〔装饰〕

- 柠檬片
- 蓝莓
- 香草

1

2

3

4

5

6

7

〔做法〕

1 将蓝莓放入杯中压碎。
2 倒入火龙果汁。
3 加入糖浆。
4 放入满杯冰块。
5 放少许柠檬片、蓝莓点缀。
6 倒入粉红金酒。
7 倒满苏打水，放上装饰。

粉红夏日

1

2

3

4

5

〔配方〕

- 西柚1个
- 君度橙酒30毫升
- 西柚果汁50毫升
- 苏打水适量
- 冰块适量

〔装饰〕

- 西柚片
- 香草

〔做法〕

1 取少许西柚果肉放入杯中，捣出果汁。
2 杯中放入冰块。
3 放入西柚片，倒入西柚果汁。
4 倒入君度橙酒。
5 缓慢倒满苏打水，放上装饰。

红宝石气酒

1

2

3

4

［配方］

- 白桃气泡水适量
- 石榴汁50毫升
- 力娇酒20毫升
- 冰块适量

［装饰］

- 香草

［做法］

1 杯中放入满杯冰块。
2 倒入石榴汁。
3 倒入力娇酒。
4 倒满白桃气泡水，放香草装饰。

绿野仙踪

〔配方〕
- 力娇酒20毫升
- 橙汁30毫升
- 柠檬汁15毫升
- 蓝柑糖浆20克
- 碎冰适量
- 苏打水适量

〔装饰〕
- 柠檬片
- 香草

〔做法〕
1. 杯中放入少量碎冰。
2. 加入蓝柑糖浆、橙汁和柠檬汁。
3. 轻轻搅拌形成渐变层次。
4. 加满碎冰。
5. 倒入力娇酒。
6. 倒满苏打水，放上装饰。

紫罗兰

〔配方〕
- 橙味力娇酒60毫升
- 金萱乌龙茶50毫升
- 紫罗兰糖浆10克
- 柠檬汁10毫升
- 冰块少许
- 方冰1块

〔装饰〕
- 花朵

〔做法〕
1. 雪克杯中倒入橙味力娇酒。
2. 倒入柠檬汁、紫罗兰糖浆、金萱乌龙茶。
3. 加入少许冰块摇匀。
4. 杯中放入方冰，搅拌冰杯。
5. 把酒液倒入杯中，放上装饰。

迷幻森林

〔配方〕

- 菠萝汁50毫升
- 蓝柑糖浆10克
- 蜂蜜力娇酒30毫升
- 苏打水适量
- 冰块适量

〔装饰〕

- 菠萝干
- 香草

〔做法〕

1 雪克杯中倒入蓝柑糖浆。

2 加入蜂蜜力娇酒。

3 倒入菠萝汁。

4 充分摇匀。

5 杯中放入冰块。

6 倒入酒液至八分满。

7 倒满苏打水，放上装饰。

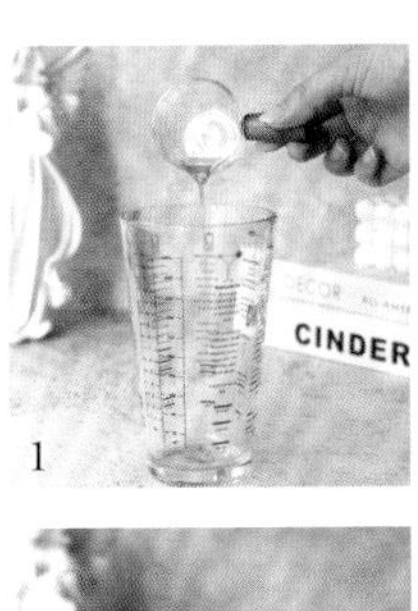

1

2

3

4

5

6

7

霓虹石榴酒

［配方］

- 蓝橙力娇酒20毫升
- 菠萝气泡水适量
- 石榴汁40毫升
- 石榴籽适量
- 橙汁50毫升
- 冰块适量

［装饰］

- 香草

［做法］

1 杯中放入石榴籽，倒入石榴汁。

2 放入满杯冰块。

3 倒入橙汁。

4 倒入蓝橙力娇酒。

5 倒满菠萝气泡水，放香草装饰。

西柚鲜橙特调

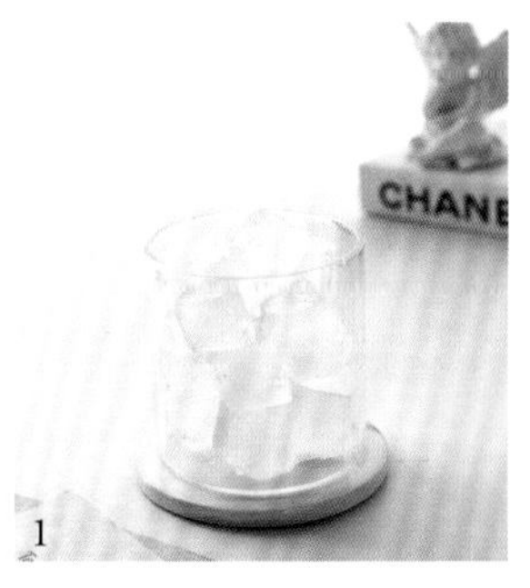

〔配方〕

- 君度力娇酒20毫升
- 西柚汁30毫升
- 橙汁50毫升
- 气泡水适量
- 冰块适量

〔装饰〕

- 西柚片
- 香草

〔做法〕

1 杯中放满冰块。
2 加入西柚汁。
3 倒入橙汁。
4 倒入君度力娇酒。
5 倒满气泡水，放上装饰。

嗨棒

1

2

3

4

5

〔配方〕

- 波本威士忌40毫升
- 苏打水160毫升
- 冰块适量
- 柠檬角1个

〔做法〕

1 杯中放满冰块。
2 倒入波本威士忌。
3 倒入苏打水（苏打水与威士忌的比例4：1）。
4 挤入柠檬汁调味，将柠檬角放入杯中。
5 用搅拌勺上下提拉，让液体融合。

葡萄威士忌嗨棒

〔配方〕

- 威士忌45毫升
- 葡萄10粒
- 柠檬角1个
- 无糖苏打水适量
- 冰块少许
- 大冰块2个

〔装饰〕

- 葡萄
- 花朵

〔做法〕

1 雪克杯中放入葡萄，捣出果汁。
2 倒入威士忌。
3 放入少许冰块。
4 挤入柠檬汁。
5 充分摇匀。
6 杯中放入大冰块。
7 倒入酒液。
8 倒满无糖苏打水，放上装饰。喝前用吸管匀上下提拉，将酒液和气泡水充分融合。

椰风阿华田

〔配方〕

- 椰子酒迷你装1瓶
- 阿华田150毫升
- 牛奶50毫升
- 巧克力酱少许

〔做法〕

1 杯子内壁涂抹巧克力酱。
2 倒入阿华田至五分满。
3 倒入牛奶。
4 插入椰子酒。

1

2

3

4

鸳鸯百利甜

〔配方〕

- 红茶150毫升
- 百利甜迷你装1瓶
- 淡奶油50毫升
- 白砂糖5克

〔做法〕

1 淡奶油中加入白砂糖，打发成奶盖。
2 红茶倒入杯中至六分满。
3 倒入奶盖。
4 插入百利甜。

1

2

3

4

Kleiner Feigling
COCO BISCUIT
BAILEYS
ORIGINAL

巧克力生椰百利甜

〔配方〕

- 百利甜迷你装1瓶
- 巧克力酱15克
- 椰汁100毫升
- 冰球适量
- 意式浓缩咖啡液20毫升

〔装饰〕

- 棉花糖
- 香草
- 可可粉

〔做法〕

1 杯中倒入巧克力酱。
2 放入冰球。
3 倒入椰汁。
4 缓慢倒入意式浓缩咖啡液。
5 放棉花糖，插入百利甜。
6 筛上少许可可粉，放香草装饰。

海盐柠檬菠萝酒

1

2

3

4

5

〔配方〕

- 菠萝汁30毫升
- 柠檬酒40毫升
- 碎冰适量
- 气泡水60毫升

〔装饰〕

- 菠萝块
- 菠萝叶
- 柠檬
- 海盐

〔做法〕

1 用柠檬涂抹杯口，粘上一圈海盐。
2 杯中放入满杯碎冰。
3 倒入菠萝汁。
4 倒入柠檬酒。
5 倒满气泡水，放菠萝块和菠萝叶装饰。

香橙柠檬热茶酒

〔配方〕

- 柠檬果酒100毫升
- 橙子半个
- 红茶茶叶2克
- 淡奶油50毫升
- 热水100毫升
- 白砂糖5克

〔装饰〕

- 柠檬片
- 三色花瓣
- 香草

〔做法〕

1 淡奶油中加入白砂糖，打发成奶盖。
2 将红茶茶叶放入热水中浸泡，过滤出茶汤备用。
3 橙子切片，放入杯中。
4 倒入红茶至五分满。
5 倒入柠檬果酒至八分满。
6 缓慢倒入奶盖，放上装饰。

龙舌兰日出

1

2

3

4

〔配方〕

- 橙汁80毫升
- 龙舌兰30毫升
- 红石榴糖浆15克
- 冰块适量
- 橙子1片

〔装饰〕

- 香草

〔做法〕

1 杯中放入橙子片和满杯冰块。
2 倒入红石榴糖浆。
3 倒入龙舌兰。
4 倒满橙汁，放香草装饰。

落日余晖

〔配方〕

- 梅子酒50毫升
- 菠萝汁100毫升
- 石榴糖浆15克
- 冰块适量
- 苏打水适量

〔装饰〕

- 菠萝干

〔做法〕

1 杯子里倒入冰块。
2 倒入石榴糖浆。
3 将菠萝汁缓慢倒入杯中。
4 倒入梅子酒。
5 倒满苏打水。
6 放上菠萝干装饰。

樱花青梅特调

〔配方〕

- 青梅酒50毫升
- 雪碧适量
- 樱花糖浆10克
- 冰块适量
- 樱花冰球适量

〔装饰〕

- 香草

〔做法〕

1 杯中放入冰块至八分满。
2 倒入樱花糖浆。
3 将樱花冰球（盐渍樱花泡去盐粒，加水冷冻）放入杯中。
4 倒入青梅酒至五分满。
5 倒满雪碧，放香草装饰。

烟雨春梅

〔配方〕

- 碧螺春100毫升
- 青梅酒60毫升
- 山楂汁50毫升
- 蜂蜜10克
- 冰块少许
- 方冰1块

〔装饰〕

- 花枝

〔做法〕

1 雪克杯中倒入青梅酒。
2 加入山楂汁和蜂蜜。
3 加入少量冰块搅拌均匀。
4 杯中放入方冰。
5 倒入酒液。
6 倒满碧螺春，放上装饰。

樱桃莓果

1

2

3

4

〔配方〕（2杯）

- 樱桃酒100毫升
- 蔓越莓糖浆30克
- 冰球2个
- 气泡水适量

〔装饰〕

- 樱桃
- 香草
- 花瓣

〔做法〕

1 杯中放入冰球。
2 倒入蔓越莓糖浆。
3 倒入樱桃酒。
4 倒满气泡水，放上装饰。

玫瑰红石榴

〔配方〕

- 玫瑰酒适量
- 红石榴糖浆10克
- 碎冰、苏打水各适量

〔装饰〕

- 蜂蜜
- 糖粉
- 玫瑰花瓣碎

〔做法〕

1 杯子口刷上蜂蜜，粘上糖粉和玫瑰花瓣碎。
2 倒入满杯的碎冰。
3 倒入红石榴糖浆。
4 倒入玫瑰酒至五分满。
5 倒满苏打水。

1

2

3

4

5

草莓桃桃

〔配方〕

- 蜜桃酒适量
- 草莓2个
- 碎冰适量
- 苏打水适量
- 草莓果冻1个

〔装饰〕

- 草莓

〔做法〕

1 草莓切丁，放入杯中。
2 放入草莓果冻。
3 放入适量碎冰。
4 倒入蜜桃酒至五分满。
5 倒满苏打水，放草莓装饰。

1

2

3

4

5

ALL-AMERICAN
RELLA

梦幻紫夜

［配方］

- 白葡萄酒50毫升
- 紫罗兰糖浆10克
- 冰块适量

［装饰］

- 柠檬片
- 花朵

［做法］

1 雪克杯中倒入紫罗兰糖浆。

2 倒入白葡萄酒，搅拌摇匀。

3 杯子里放入冰块。

4 倒入酒液，放上装饰。

柚见红玫

〔配方〕

- 红葡萄酒50毫升
- 西柚果汁100毫升
- 玫瑰糖浆10克
- 冰块适量

〔装饰〕

- 玫瑰花瓣

〔做法〕

1 杯中放入冰块。
2 倒入玫瑰糖浆。
3 倒入西柚果汁。
4 用勺子引流，缓慢倒入红葡萄酒，放玫瑰花瓣装饰。

青提茉莉果啤

1

2

3

4

5

〔配方〕

- 水果啤酒适量
- 青提5粒
- 茉莉绿茶50毫升
- 糖浆10克
- 冰块适量

〔装饰〕

- 青提
- 薄荷叶

〔做法〕

1 青提放入杯中，压出果汁。
2 放入满杯冰块。
3 倒入茉莉绿茶至五分满。
4 倒入糖浆。
5 倒满水果啤酒，放上装饰。

秋梨桂花乌龙酒

〔配方〕

- 雪梨果肉50克
- 乌龙茶50毫升
- 烧酒50毫升
- 糖桂花15克
- 冰块适量

〔装饰〕

- 雪梨片
- 干桂花
- 香草

〔做法〕

1 将雪梨果肉放入雪克杯，捣出果汁。
2 倒入乌龙茶搅拌均匀。
3 杯中放入满杯冰块。
4 放入糖桂花，倒入雪梨乌龙茶。
5 倒满烧酒。
6 用雪梨片、干桂花、香草装饰。

红茶香草伏特加

〔配方〕

- 绝对伏特加20毫升
- 淡奶油50毫升
- 红茶150毫升
- 白砂糖5克
- 香草糖浆10克

〔装饰〕

- 花朵
- 松枝
- 水果干

〔做法〕

1 淡奶油加白砂糖，打发成奶盖。
2 杯中倒入红茶。
3 倒入绝对伏特加。
4 加入香草糖浆。
5 搅拌均匀。
6 倒入奶盖，放上装饰。

雪梨桂花酒

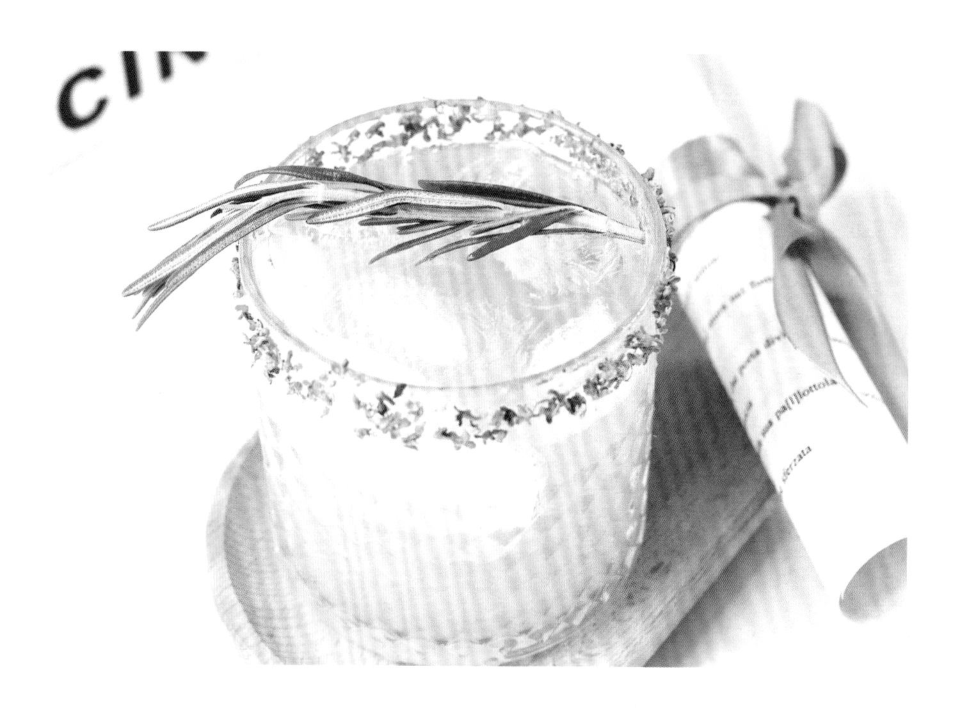

1

2

3

4

〔配方〕

- 桂花蜂蜜酒适量
- 雪梨1片
- 鲜榨雪梨汁50毫升
- 冰块适量

〔装饰〕

- 蜂蜜
- 香草
- 干桂花

〔做法〕

1 杯口刷蜂蜜，粘上干桂花装饰。杯中放入冰块。
2 放入雪梨片。
3 倒入鲜榨雪梨汁至杯子1/3处。
4 倒满桂花蜂蜜酒，放香草装饰。

冰川

〔配方〕

- 白朗姆酒20毫升
- 蓝柑糖浆20克
- 柠檬汁10毫升
- 气泡水适量
- 碎冰适量
- 冰块少许

〔装饰〕

- 青柠片
- 香草

〔做法〕

1 雪克杯中加入柠檬汁。

2 倒入蓝柑糖浆。

3 倒入白朗姆酒。

4 加少许冰块。

5 充分摇匀。

6 杯中放入满杯碎冰，倒入蓝色酒液。

7 倒满气泡水，放上装饰。

Part 4 气泡水

百香果养乐多

〔配方〕

- 黄金百香果1个
- 养乐多1瓶
- 小青柠3个
- 冰块适量
- 气泡水适量

〔装饰〕

- 百香果块
- 薄荷叶

〔做法〕

1. 杯中放入百香果果肉。
2. 放入冰块。
3. 放入切开的小青柠。
4. 倒入养乐多。
5. 倒满气泡水，放上装饰。

斑斓椰青气泡水

〔配方〕

- 斑斓粉2克
- 糖浆15克
- 椰子水适量
- 气泡水适量
- 冰块适量
- 热水少许

〔装饰〕

- 斑斓叶

〔做法〕

1 斑斓粉加入热水，搅拌化开。
2 杯中放入满杯冰块。
3 倒入斑斓汁。
4 加入糖浆。
5 倒入椰子水至五分满。
6 倒满气泡水，放上装饰。

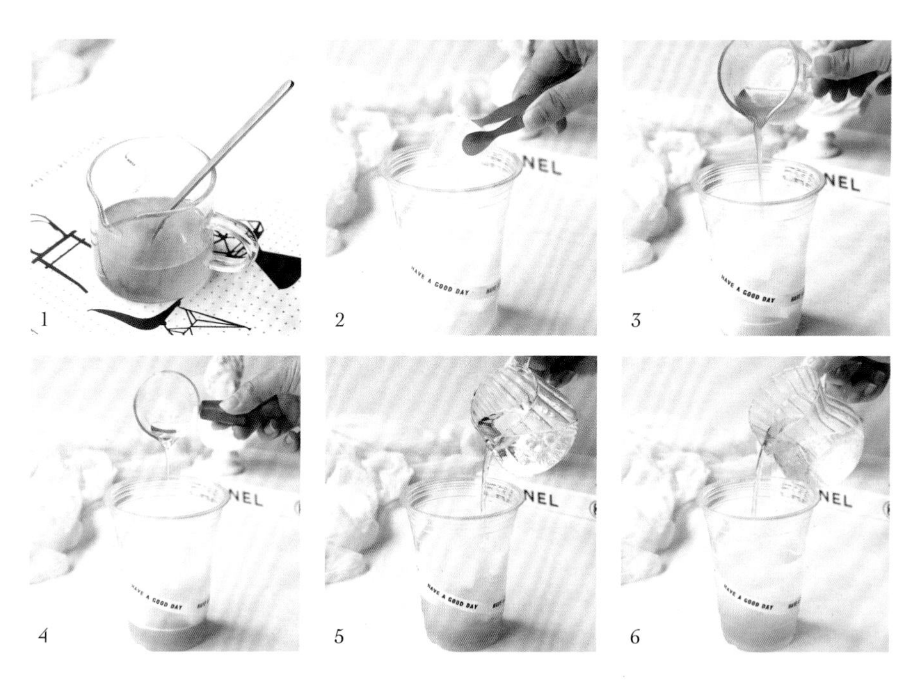

薄荷青提气泡水

1

2

3

4

〔配方〕

- 青提6粒
- 薄荷糖浆15克
- 气泡水适量
- 冰块适量

〔装饰〕

- 青提
- 香草

〔做法〕

1 青提放入杯中，捣出果汁。
2 加入满杯冰块。
3 倒入薄荷糖浆。
4 倒满气泡水，放上装饰。

草莓柠檬气泡水

1

2

3

4

〔配方〕

- 草莓3个
- 草莓果冻2个
- 草莓糖浆10克
- 柠檬1片
- 冰块适量
- 苏打水适量

〔装饰〕

- 草莓

〔做法〕

1 草莓切丁，放入杯中，加入草莓果冻。
2 加入满杯冰块和柠檬片。
3 倒入草莓糖浆。
4 倒满苏打水，放草莓装饰。

妃子气泡水

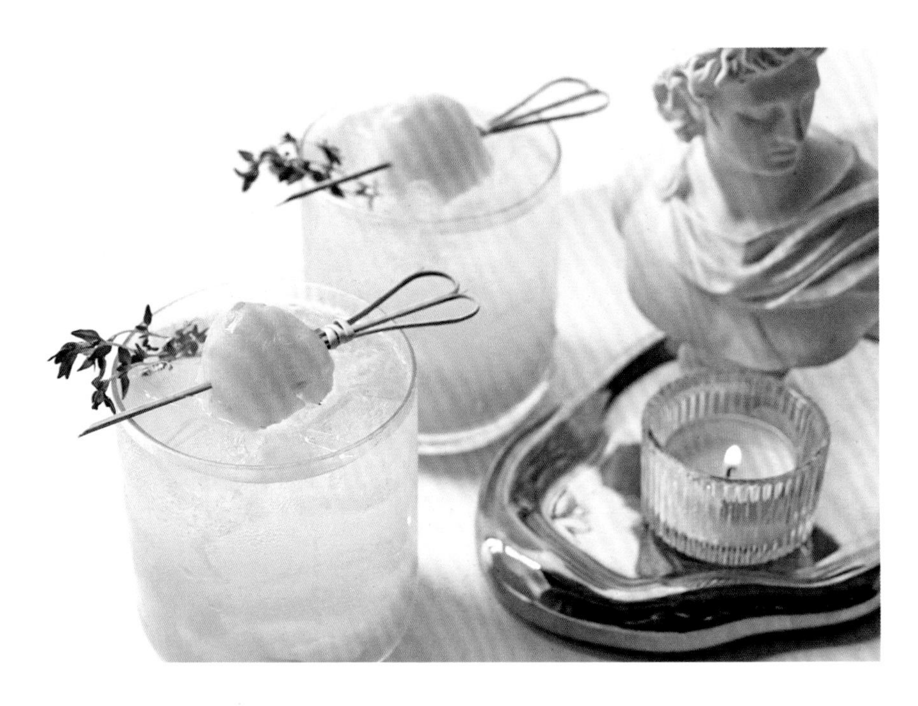

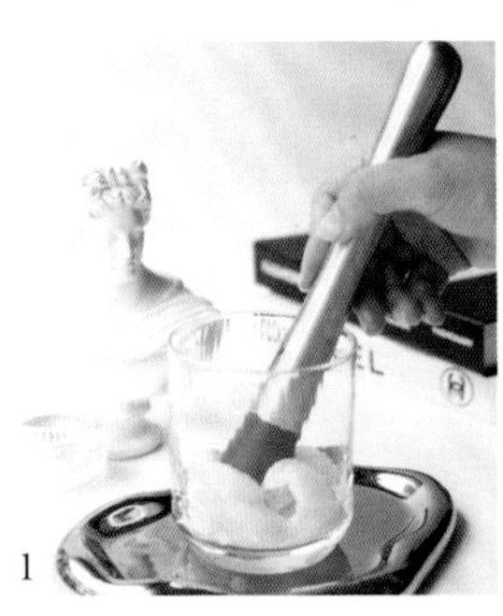

〔配方〕

- 妃子笑荔枝果肉4颗
- 蓝柑糖浆15克
- 冰块适量
- 苏打水适量

〔装饰〕

- 荔枝果肉
- 香草

〔做法〕

1 将荔枝果肉捣出果汁。

2 放入满杯冰块。

3 倒入蓝柑糖浆。

4 倒满苏打水，放上装饰。

海洋苏打水

〔配方〕

- 柠檬1片
- 苏打水1瓶
- 冰块适量
- 糖浆10克
- 蓝色凉粉：
  蓝柑糖浆25克
  白凉粉10克
  90℃以上热水200毫升

〔装饰〕

- 香草

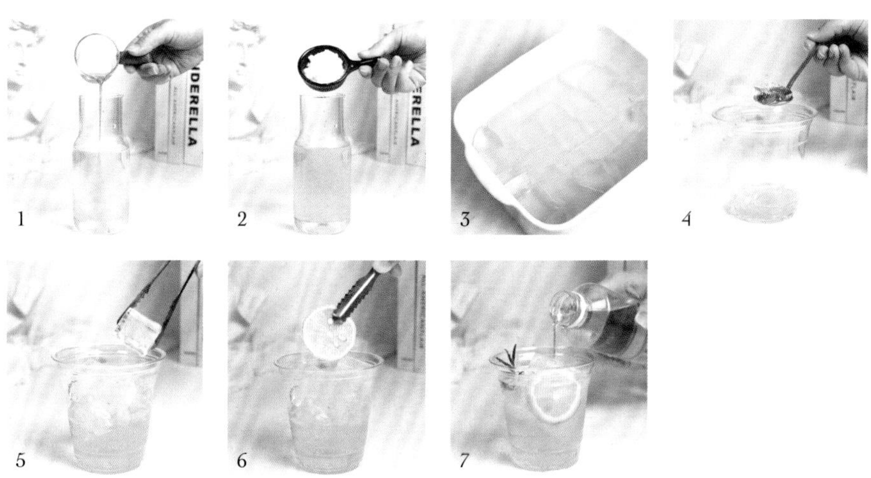

〔做法〕

1 制作蓝色凉粉：将蓝柑糖浆倒入热水中搅拌均匀。
2 加入白凉粉，搅拌化开。
3 冷却、凝固后切成小块。
4 杯中放入适量蓝色凉粉。
5 放入冰块。
6 放入柠檬片。
7 放入香草，加入糖浆，倒满苏打水。

红宝石西柚气泡水

〔配方〕

- 西柚2片
- 苏打水适量
- 红石榴糖浆15克
- 西柚汁50毫升
- 冰块适量

〔装饰〕

- 西柚块
- 香草

〔做法〕

1 杯中放入冰块。
2 放入西柚片。
3 倒入红石榴糖浆。
4 倒入西柚汁。
5 缓慢倒入苏打水，放上装饰。

红粉荔荔气泡水

〔配方〕

- 气泡水适量
- 荔枝果肉3颗
- 玫瑰糖浆10克
- 火龙果汁少许
- 青柠1片
- 冰块适量
- 玫瑰冰球1个

〔装饰〕

- 香草

〔做法〕

1 杯中放入去核的荔枝果肉，捣出果汁。
2 加入玫瑰糖浆。
3 倒入火龙果汁。
4 搅拌均匀。
5 放入冰块和青柠片。
6 放上玫瑰冰球（饮用水、玫瑰糖浆、火龙果汁搅匀后冷冻）。
7 倒满气泡水，放上香草装饰。

黄桃多多气泡水

〔配方〕

- 黄桃1个
- 黄桃果汁100毫升
- 冰块适量
- 甜味苏打水适量

〔装饰〕

- 香草

〔做法〕

1 切3片黄桃果肉，用模具压出花朵形状，剩余果肉切丁。
2 杯子里放入黄桃果肉丁。
3 加入满杯冰块。
4 倒入黄桃果汁。
5 倒入满杯甜味苏打水。
6 用黄桃花朵和香草装饰。

蓝莓气泡水

1

2

3

4

5

［配方］

- 蓝莓酱15克
- 蓝莓10粒
- 冰块适量
- 火龙果汁少许
- 苏打水适量
- 柠檬1片

［装饰］

- 蓝莓
- 香草

［做法］

1. 杯中放入蓝莓酱。
2. 加入满杯冰块。
3. 放入柠檬片和蓝莓。
4. 倒入火龙果汁。
5. 倒满苏打水，放上装饰。

茉莉青提气泡水

［配方］

- 青提5粒
- 茉莉绿茶80毫升
- 糖浆15克
- 冰块适量
- 气泡水适量

［装饰］

- 青提
- 薄荷叶

［做法］

1 青提放入杯中，捣出果汁。
2 加入满杯冰块。
3 倒入茉莉绿茶。
4 加入糖浆。
5 倒满气泡水，放上装饰。

黄瓜柠檬气泡水

[配方]

- 黄瓜汁30毫升
- 柠檬汁15毫升
- 糖浆15克
- 冰块适量
- 气泡水适量
- 柠檬1片

[装饰]

- 黄瓜片

[做法]

1. 杯中放入满杯冰块。
2. 倒入黄瓜汁。
3. 倒入柠檬汁。
4. 倒入糖浆。
5. 放入柠檬片，倒满气泡水，放上装饰。

冰橙山楂

〔配方〕

- 橙汁冰棒1个
- 山楂果汁15毫升
- 橙汁50毫升
- 气泡水适量
- 冰块适量

〔装饰〕

- 山楂
- 香草

〔做法〕

1 杯中放满冰块，倒入山楂果汁。
2 倒入橙汁。
3 倒入气泡水至七分满。
4 放上橙汁冰棒和装饰。

1

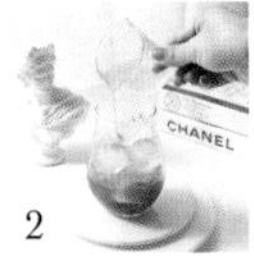
2

3

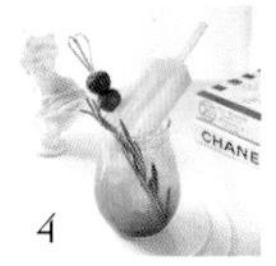
4

冰橙百香果

〔配方〕

- 橙汁冰棒1个
- 百香果1个
- 橙汁50毫升
- 气泡水适量
- 冰块适量

〔装饰〕

- 百香果块
- 香草

〔做法〕

1 杯中放入百香果肉。
2 加入满杯冰块和橙汁。
3 倒入气泡水至七分满。
4 放上橙汁冰棒和装饰。

1

2

3

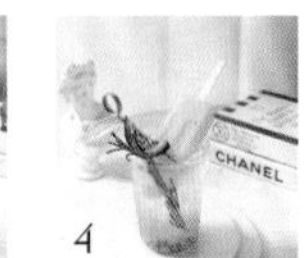
4

冰橙话梅柠檬

〔配方〕

- 话梅5颗
- 话梅糖浆10克
- 橙汁冰棒1个
- 橙汁50毫升
- 青柠2片
- 气泡水适量
- 冰块适量

〔装饰〕

- 话梅
- 香草

〔做法〕

1 杯中放入冰块至七分满，放入青柠片。
2 提前一夜将话梅放入话梅糖浆中浸泡，将话梅和话梅糖浆倒入杯中。
3 倒入橙汁和气泡水至七分满。
5 放上橙汁冰棒和装饰。

1

2

3

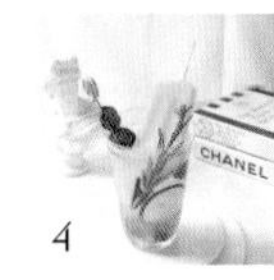
4

The Monocle Guide to Drinking & Dining
CHANEL
You are always

葡萄西柚气泡水

［配方］

- 西柚果汁80毫升
- 葡萄冰球适量
- 苏打水80毫升
- 马蹄爆爆珠适量
- 冰块适量

［装饰］

- 香草

［做法］

1 杯中倒入马蹄爆爆珠。
2 放入适量冰块。
3 倒入西柚果汁。
4 放上葡萄冰球。
5 倒满苏打水，放上香草。

柚柚柠檬气泡水

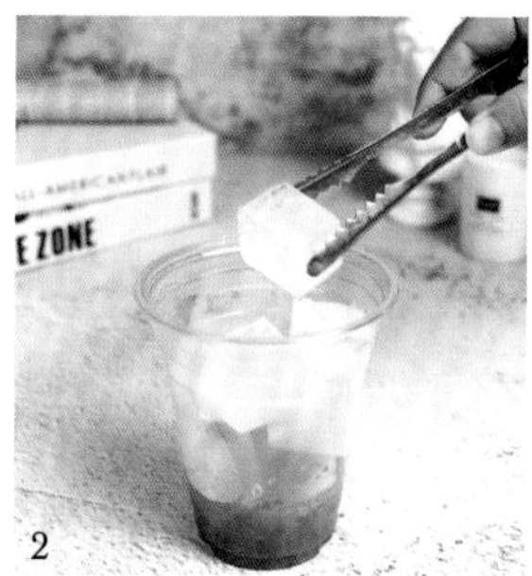

[配方]

- 西柚半个
- 柠檬2片
- 冰块适量
- 糖浆10克
- 苏打水1瓶

[装饰]

- 西柚干
- 香草

[做法]

1 将西柚果肉捣出果汁。
2 放入冰块。
3 加入柠檬片。
4 倒入苏打水。
5 放上香草和西柚干，倒入糖浆。

樱花西柚气泡水

〔配方〕
- 气泡水100毫升
- 冰块适量
- 樱花糖浆20克
- 盐渍樱花少许
- 西柚果汁50毫升

〔装饰〕
- 巧克力花

〔做法〕
1. 盐渍樱花放入清水中浸泡半小时以上，泡去盐粒。
2. 杯中放入樱花糖浆。
3. 加入满杯冰块。
4. 放入泡好的盐渍樱花。
5. 倒入西柚果汁至五分满。
6. 倒满气泡水，放上装饰。

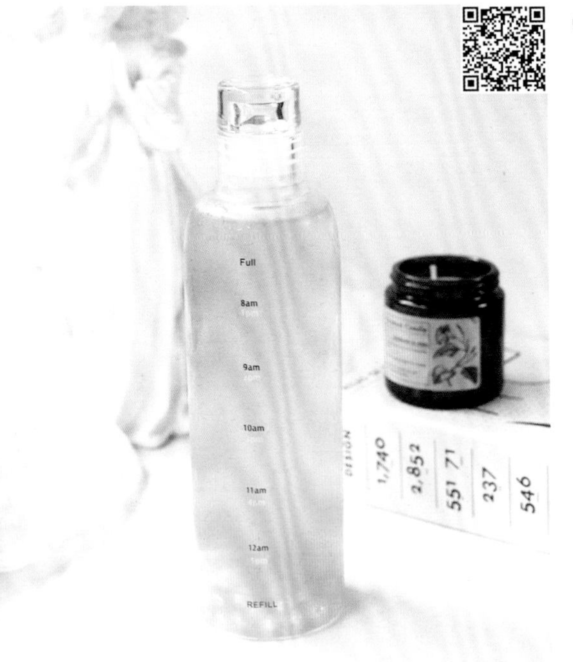

梦幻西柚气泡水

〔配方〕
- 气泡水100毫升
- 西柚果汁80毫升
- 马蹄爆爆珠适量
- 糖浆15克
- 蝶豆花冰块适量

〔做法〕
1. 瓶子里倒入马蹄爆爆珠。
2. 放入蝶豆花冰块。
3. 倒入西柚果汁。
4. 倒入糖浆。
5. 倒满气泡水。

冰橙山楂气泡水

［配方］
- 山楂果汁50毫升
- 橙汁50毫升
- 气泡水100毫升
- 冰块适量

［装饰］
- 山楂
- 香草

［做法］
1. 杯中放入满杯冰块。
2. 倒入山楂果汁。
3. 倒入橙汁。
4. 倒满气泡水，放上装饰。

石榴荔枝气泡水

［配方］
- 荔枝果汁80毫升
- 石榴籽50克
- 气泡水适量
- 冰块适量

［装饰］
- 石榴籽
- 香草

［做法］
1. 将石榴籽放入雪克杯中捣出果汁。
2. 玻璃杯中放入满杯冰块。
3. 倒入石榴汁。
4. 倒入荔枝果汁至八分满。
5. 倒满气泡水，放上装饰。

杨梅气泡葡萄冰

〔配方〕

- 杨梅汁50毫升
- 雪碧150毫升
- 葡萄冰球6个
- 马蹄爆爆珠适量
- 柠檬1片
- 冰块适量

〔装饰〕

- 香草

〔做法〕

1 杯中放入马蹄爆爆珠。
2 放入冰块。
3 放入柠檬片。
4 倒入杨梅汁。
5 倒入雪碧。
6 放上葡萄冰球和香草。

樱花白桃气泡水

［配方］

- 樱花糖浆10克
- 水蜜桃1个
- 樱花脆啵啵适量
- 气泡水适量
- 青柠1片
- 冰块适量

［装饰］

- 水蜜桃角

［做法］

1. 水蜜桃切丁，放入杯中。
2. 倒入樱花脆啵啵。
3. 放入青柠片和冰块。
4. 倒入樱花糖浆。
5. 倒满气泡水。
6. 用水蜜桃角装饰。

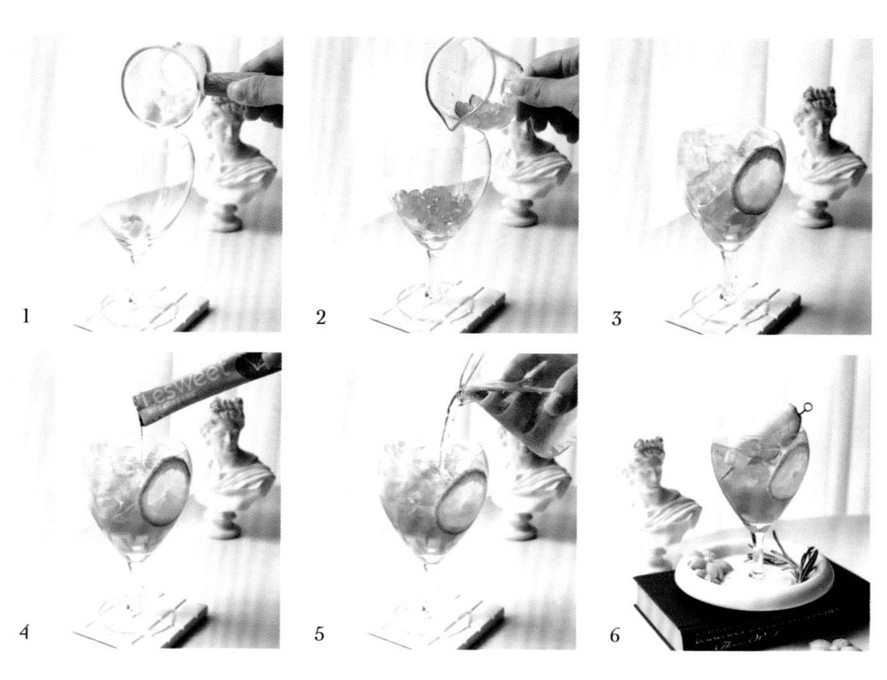

樱花桃桃气泡水

〔配方〕

- 樱花糖浆15克
- 马蹄爆爆珠适量
- 冰块适量
- 气泡水适量
- 桃子冰球：
  水蜜桃1个
  火龙果汁少许
  白砂糖10克
  饮用水250毫升
- 桃子冻：
  白凉粉15克
  清水300毫升
  白砂糖15克
  桃子皮适量

〔装饰〕

- 巧克力花

〔做法〕

1 制作桃子冻：将桃子皮、白凉粉、白砂糖和清水煮出粉色。
2 把液体倒入碗中冷却，凝固后切块。
3 制作桃子冰球：将桃子肉、火龙果汁、白砂糖和饮用水放入破壁机打匀。
4 把液体倒入模具，冷冻成冰球。
5 杯中放入马蹄爆爆珠。
6 放入桃子冻。
7 放入冰块。
8 倒入樱花糖浆。
9 放上桃子冰球。
10 倒满气泡水，放上装饰。

樱花爆珠气泡水

〔配方〕

- 气泡水180毫升
- 樱花糖浆20克
- 马蹄爆爆珠适量
- 薄荷叶少许
- 樱花冰块适量

〔装饰〕

- 薄荷叶

〔做法〕

1 杯中放入马蹄爆爆珠。
2 倒入樱花糖浆。
3 放入樱花冰块（盐渍樱花泡去盐粒，加入饮用水冷冻）。
4 加入薄荷叶。
5 倒满气泡水，放上装饰。

Part 5 乳制品

黑芝麻麻薯燕麦乳

1

2

3

4

5

［配方］（2杯）

- 黑芝麻30克
- 燕麦35克
- 清水400毫升
- 牛奶150毫升
- 白砂糖30克
- 黑芝麻酱少许
- 牛奶麻薯：
  牛奶200毫升
  木薯淀粉25克
  白砂糖15克

［做法］

1 将燕麦、黑芝麻、白砂糖、清水用破壁机豆浆功能搅打均匀。
2 在煮好的黑芝麻燕麦浆中倒入牛奶，搅拌均匀。
3 制作牛奶麻薯：将牛奶、木薯淀粉、白砂糖倒入锅中，边煮边搅拌成糊状。
4 杯中放入一层牛奶麻薯，杯壁涂抹黑芝麻酱。
5 倒入打好的黑芝麻燕麦乳。

薄荷巧克力冰沙

〔配方〕(2杯)

- 冰块200克
- 牛奶100毫升
- 薄荷糖浆20克
- 黑巧克力碎适量

〔装饰〕

- 棉花糖
- 薄荷叶

〔做法〕

1 破壁机中加入冰块。
2 倒入牛奶。
3 放入薄荷糖浆。
4 加入黑巧克力碎。
5 打成冰沙。
6 将冰沙倒入杯中，放上棉花糖和薄荷叶。

酷黑蓝丝绒拿铁

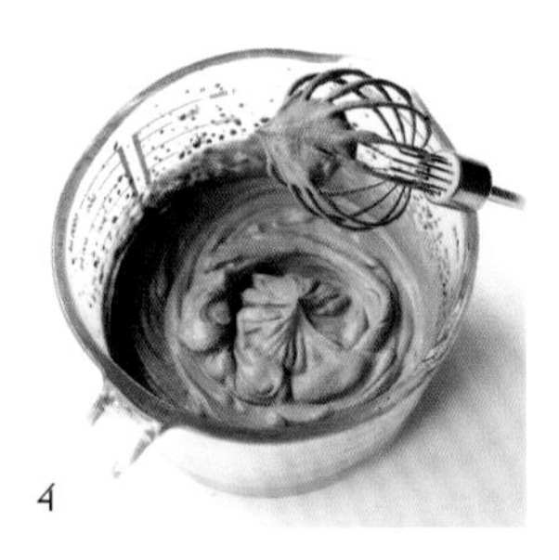

〔配方〕

- 牛奶180毫升
- 藻蓝粉6克
- 白砂糖8克
- 马蹄爆爆珠适量
- 冰块适量
- 淡奶油100毫升
- 食用炭粉6克
- 白砂糖10克

〔装饰〕

- 彩色糖珠

〔做法〕

1 牛奶中加入藻蓝粉和白砂糖，搅拌均匀。
2 杯中倒入马蹄爆爆珠。
3 加入冰块，倒入蓝色牛奶至八分满。
4 淡奶油中加入白砂糖和食用炭粉，打发至纹路清晰。
5 把黑色奶油挤在杯中，撒彩色糖珠。

红豆抹茶厚乳

1 2 3 4 5

[配方]（2杯）

- 提纯牛奶400毫升
- 糖浆20克
- 抹茶粉4克
- 蜜红豆适量
- 热水100毫升

[做法]

1 抹茶粉中倒入热水，充分搅拌至无颗粒。
2 杯中放入适量蜜红豆。
3 倒入温热的提纯牛奶至八分满。
4 倒入糖浆。
5 用勺子引流，缓慢倒入抹茶溶液。

抹茶奶酪莓莓

〔配方〕

- 淡奶油100毫升
- 粉色食用色素少许
- 白砂糖10克
- 冰块适量
- 抹茶牛奶：
  抹茶粉1克
  温牛奶50毫升
- 草莓牛奶：
  草莓5个
  牛奶300毫升

〔装饰〕

- 饼干

〔做法〕

1 淡奶油中加入白砂糖和粉色食用色素，打发至硬挺。
2 抹茶粉中加入温牛奶，用茶筅打匀。
3 将草莓和牛奶放入破壁机，充分搅打均匀。
4 杯中放入冰块至八分满。
5 倒入抹茶牛奶。
6 倒入草莓牛奶。
7 挤上粉色奶盖。
8 用饼干装饰。

抹茶雪顶太妃牛乳茶

[配方](2杯)

- 提纯牛奶400毫升
- 榛果巧克力酱适量
- 焦糖酱10克
- 淡奶油100毫升
- 抹茶粉3克
- 零卡糖10克

[装饰]

- 饼干
- 彩色糖珠

[做法]

1. 淡奶油中加入零卡糖和抹茶粉打发至硬挺状态。
2. 在杯内壁涂抹焦糖酱。
3. 再涂抹榛果巧克力酱。
4. 倒入温热的提纯牛奶至八分满。
5. 将抹茶奶盖挤在杯中。用饼干和彩色糖珠装饰。

奥利奥蓝莓优格

〔配方〕

- 蓝莓20颗
- 原味酸奶400毫升
- 奥利奥饼干5块

〔装饰〕

- 蓝莓
- 饼干
- 香草

〔做法〕

1 将蓝莓和300毫升原味酸奶放入破壁机中打成蓝莓酸奶。
2 将奥利奥饼干敲碎，放入杯底。
3 杯中倒入蓝莓酸奶。
4 倒入剩余原味酸奶。
5 放上蓝莓、饼干和香草装饰。

草莓甘露

［配方］（2杯）

- 乳酸菌饮料500毫升
- 冰块200克
- 草莓8个
- 西米适量

［装饰］

- 草莓块
- 香草

［做法］

1 将西米煮熟后捞出，过凉水。
2 4个草莓切丁，放入杯中。
3 放入一层熟西米。
4 倒入少许乳酸菌饮料。
5 将剩余乳酸菌饮料、草莓和冰块放入破壁机打成奶昔。
6 把奶昔倒入杯中，放上装饰。

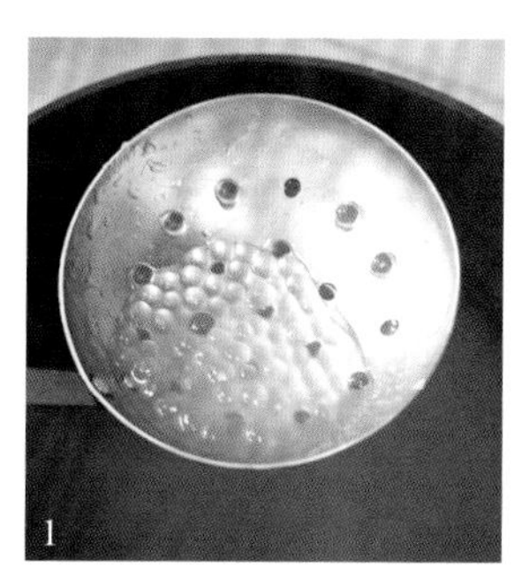

1

2

3

4

5

6

草莓酸奶昔

〔配方〕

- 草莓8个
- 草莓果酱30克
- 牛奶150毫升
- 淡奶油80毫升
- 酸奶200毫升
- 白砂糖10克

〔装饰〕

- 草莓块
- 饼干

〔做法〕

1 榨汁杯中倒入牛奶和草莓，打成奶昔。
2 杯中放入草莓果酱。
3 倒入酸奶。
4 倒入草莓奶昔。
5 淡奶油中加入白砂糖，打发至纹路清晰，挤在杯中。
6 用草莓块和饼干装饰。

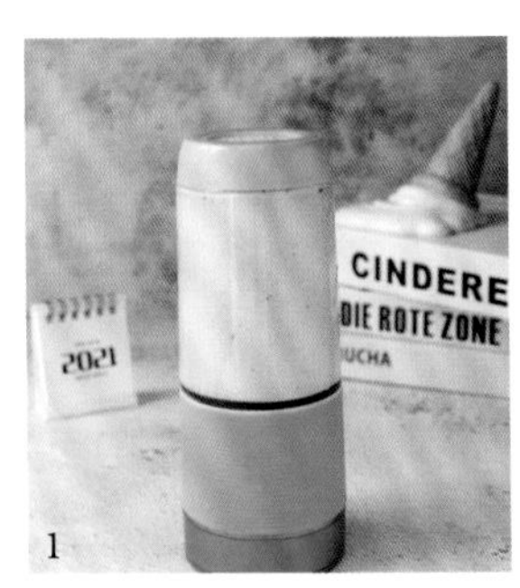

1

2

3

4

5

6

凤梨绿妍冰沙

〔配方〕

- 凤梨半个
- 糖浆25克
- 冰块适量
- 酸奶200毫升
- 绿妍茶100毫升

〔装饰〕

- 凤梨块
- 凤梨叶

〔做法〕

1 破壁机中放入冰块。
2 加入切块的凤梨果肉。
3 倒入绿妍茶。
4 加入糖浆。
5 搅打成冰沙。
6 杯中倒入酸奶铺底。
7 倒入打好的冰沙，放上装饰。

牛油果奶昔

〔配方〕

- 牛油果1个
- 酸奶80毫升
- 牛奶100毫升
- 糖浆15克
- 冰块80克
- 巴旦木适量

〔装饰〕

- 巴旦木碎
- 牛油果片

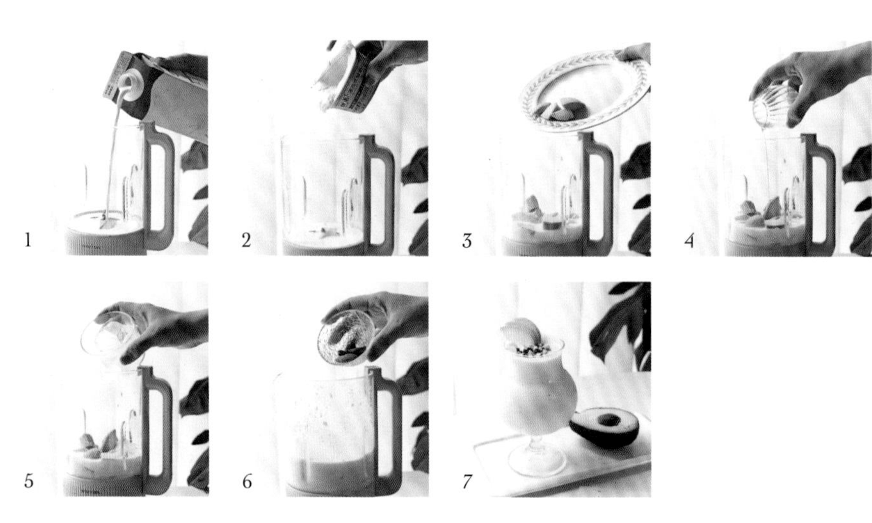

〔做法〕

1 破壁机中倒入牛奶。
2 倒入酸奶。
3 放入切块的牛油果肉。
4 加入糖浆。
5 放入冰块一起搅打成奶昔。
6 放入巴旦木再次搅打30秒。
7 将奶昔倒入杯中，放上巴旦木碎和牛油果片装饰。

海盐抹茶椰椰

〔配方〕

- 厚椰乳200毫升
- 淡奶油80毫升
- 抹茶粉1克
- 热水20毫升
- 冰块适量
- 零卡糖10克
- 藻蓝粉15克
- 海盐少许

〔装饰〕

- 香草
- 海盐

〔做法〕

1 抹茶粉加入热水，搅打均匀。
2 淡奶油中加入藻蓝粉、零卡糖、海盐，打发成浓稠酸奶状。
3 杯中放入适量冰块，倒入抹茶液。
4 倒入厚椰乳至七分满。
5 倒上蓝色海盐奶盖，放香草，撒海盐装饰。

啵啵芋泥厚椰乳

〔配方〕

- 厚椰乳400毫升
- 寒天脆啵啵适量

- 芋泥：
  芋头200克
  牛奶100毫升
  紫薯粉2克
  零卡糖20克

- 香芋奶油：
  淡奶油200克
  芋泥30克
  零卡糖20克
  紫薯粉3.5克

〔装饰〕

- 甜甜圈

〔做法〕

1 芋头切块，上锅蒸15分钟。
2 将芋头、零卡糖、牛奶、紫薯粉放入破壁机打成芋泥。
3 淡奶油中加入芋泥、零卡糖和紫薯粉，打发至坚挺状态。
4 杯中放入寒天脆啵啵。
5 放入芋泥挂壁。
6 倒入温热的厚椰乳至八分满。
7 挤上香芋奶油，放上甜甜圈装饰。

1

2

3

4

5

6

7

SPECIAL LOVE
BEST WISHES
Happy everyday
love is like blue sky and
white clouds
SPECIAL LOVE
BEST WISHES
Happy everyday
love is like blue sky and
white clouds

桂花生椰龙眼冰

〔配方〕

- 厚椰乳100毫升
- 冰块100克
- 去核龙眼肉60克
- 桂花冻：
  糖桂花15克
  白凉粉10克
  沸水180毫升

〔装饰〕

- 干桂花
- 叶子

〔做法〕

1 制作桂花冻：沸水中倒入糖桂花和白凉粉，搅拌至白凉粉完全化开。
2 倒入碗中，冷藏15分钟，凝固后切块。
3 杯中放入适量桂花冻。
4 破壁机中放入去核龙眼肉，加入冰块和厚椰乳打成冰沙。
5 把冰沙倒入杯中。
6 插上叶子，撒上干桂花。

冰吸西瓜椰椰

〔配方〕

- 厚椰乳250毫升
- 西瓜果肉80克
- 冰吸糖浆20克
- 冰块适量

〔做法〕

1. 将冰吸糖浆倒入170毫升厚椰乳中，搅拌均匀。
2. 将西瓜果肉和80毫升厚椰乳放入破壁机中打匀。
3. 杯中放入冰块至七分满。
4. 倒入冰吸厚椰乳。
5. 缓慢倒入西瓜厚椰乳。

黑糖栗子厚椰乳

〔配方〕

- 淡奶油70毫升
- 焦糖酱7克
- 黑糖糖浆12克
- 厚椰乳250毫升
- 焦糖栗子泥：
  栗仁150克
  焦糖酱15克
  饮用水80毫升

〔装饰〕

- 饼干
- 栗仁

1

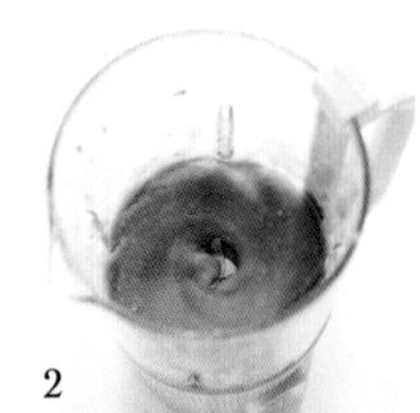
2

3

4

5

6

7

〔做法〕

1 淡奶油中加入焦糖酱，打发至硬挺。
2 将栗仁蒸熟，加入焦糖酱和饮用水打成焦糖栗子泥。
3 沿杯内壁放入黑糖糖浆。
4 放入2勺焦糖栗子泥。
5 倒入温热的厚椰乳至八分满。
6 挤上焦糖奶油顶。
7 再挤上两圈焦糖栗子泥，放上装饰。

黑芝麻抹茶椰乳

1

2

3

4

5

[配方]（2杯）

- 抹茶粉4克
- 椰汁800毫升
- 黑芝麻酱少许
- 炼乳20克
- 热水少许

[做法]

1 抹茶粉加少许热水搅拌化开。
2 椰汁加热后倒入抹茶溶液，搅拌均匀。
3 杯内壁涂抹黑芝麻酱。
4 挤入炼乳。
5 倒入抹茶椰汁。

焦糖南瓜厚椰乳

〔配方〕

- 贝贝南瓜半个
- 焦糖酱15克
- 厚椰乳200毫升
- 小芋圆适量
- 淡奶油100毫升
- 白砂糖10克

〔装饰〕

- 饼干

〔做法〕

1 贝贝南瓜切块，上锅蒸10分钟。
2 南瓜肉加入焦糖酱，压成细腻的南瓜泥。
3 杯中放入小芋圆。
4 杯内壁抹上两圈焦糖南瓜泥。
5 倒入温热的厚椰乳。
6 淡奶油中加白砂糖，打发后挤在杯中，用饼干装饰。

栗子脏脏椰乳

［配方］（2杯）

- 椰汁400毫升
- 榛子巧克力酱少许
- 巧克力酱少许
- 淡奶油100毫升
- 白砂糖10克
- 栗子泥：
  栗仁100克
  红茶150毫升
  白砂糖8克

［装饰］

- 栗仁

［做法］

1. 将红茶、栗仁、白砂糖倒入破壁机，打成栗子泥。
2. 杯内侧涂抹榛子巧克力酱。
3. 放入适量打好的栗子泥。
4. 倒入温热的椰汁至九分满。
5. 淡奶油中加入白砂糖，打发后挤在杯中。淋上少许巧克力酱，放栗仁装饰。

青提椰椰

〔配方〕

- 青提6粒
- 冰块适量
- 蝶豆花6朵
- 热水30毫升
- 椰汁适量

〔装饰〕

- 香草

〔做法〕

1 青提放入杯中，捣出果汁。
2 蝶豆花中加入热水，泡出蓝色。
3 将80毫升椰汁与蝶豆花水混合成蓝色。
4 在青提杯中放入冰块。
5 倒入椰汁至八分满。
6 再倒满蓝色蝶豆花椰汁，放香草装饰。

1

2

3

4

5

6

Part 6 果蔬饮

玫瑰银耳露

［配方］（2杯）

- 银耳1块
- 冰糖60克
- 清水适量
- 玫瑰花瓣碎
- 玫瑰冻：

  玫瑰花3克

  清水200毫升

  玫瑰糖浆20克

  白凉粉10克

［做法］

1 将玫瑰花、玫瑰糖浆、清水放入锅中煮沸。

2 捞出玫瑰花。

3 玫瑰花液中倒入白凉粉，搅拌化开。

4 将玫瑰花液倒入碗中冷却，凝固后切块。

5 银耳泡发后切成小块，加冰糖和清水，撒玫瑰花瓣碎，炖煮1小时。

6 杯中放入玫瑰冻。

7 倒入银耳露。

粉荔奶盖茶

1

2

3

4

5

〔配方〕

- 去核荔枝10颗
- 饮用水400毫升
- 寒天脆啵啵适量
- 火龙果汁10毫升
- 冰球适量
- 淡奶油150毫升
- 零卡糖15克

〔装饰〕

- 荔枝
- 玫瑰花瓣碎

〔做法〕

1. 杯中放入1颗去核荔枝、适量寒天脆啵啵和半杯冰球。
2. 破壁机中放入荔枝、火龙果汁和饮用水，搅打均匀。
3. 将果汁倒入杯中至八分满。
4. 淡奶油加入零卡糖打成奶盖，倒入杯中。
5. 用荔枝和玫瑰花瓣碎装饰。

香烤椰香金菠萝

〔配方〕

- 菠萝果肉100克
- 菠萝汁100毫升
- 香烤椰子水100毫升
- 冰球适量

〔装饰〕

- 菠萝块
- 香草

〔做法〕

1 将菠萝果肉放进杯中，压出果汁。
2 放入满杯冰球。
3 倒入菠萝汁至六分满。
4 倒满香烤椰子水，放上装饰。

玫珑椰椰

〔配方〕

- 哈密瓜果肉50克
- 椰子水100毫升
- 马蹄爆爆珠适量
- 冰块适量
- 淡奶油60毫升
- 白砂糖6克

〔装饰〕

- 椰子脆片
- 巧克力花

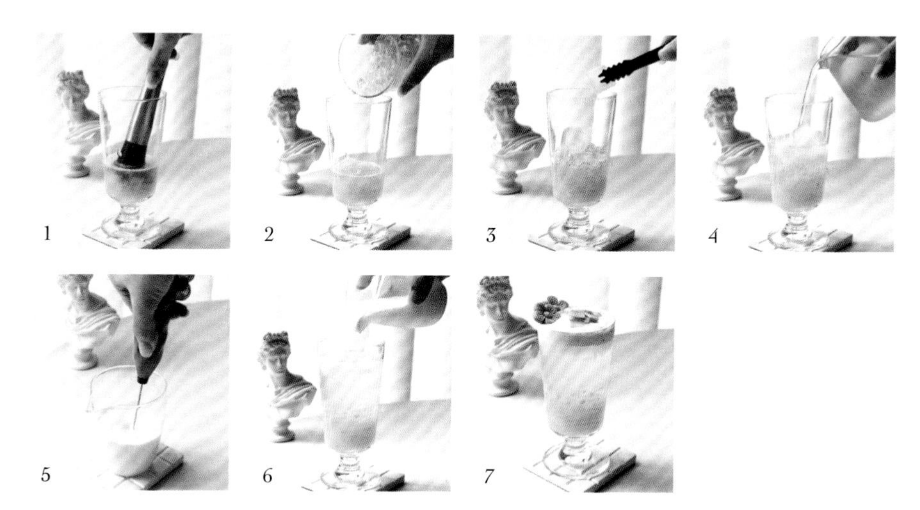

〔做法〕

1 将哈密瓜果肉捣出果汁。

2 加入马蹄爆爆珠。

3 放入适量冰块。

4 倒入椰子水至七分满。

5 淡奶油加入白砂糖，打发成奶盖。

6 杯中倒入奶盖。

7 放上椰子脆片和巧克力花装饰。

抹茶奶盖椰青

〔配方〕

- 椰子水150毫升
- 冰块适量
- 淡奶油70毫升
- 炼乳13克
- 抹茶粉2克

〔做法〕

1 淡奶油中加入炼乳和抹茶粉，搅打成奶盖。
2 杯中放入适量冰块。
3 倒入椰子水至七分满。
4 倒入抹茶奶盖。

樱花椰椰

〔配方〕

- 椰子水100毫升
- 樱花脆啵啵适量
- 樱花糖浆10克
- 马蹄爆爆珠适量
- 樱花冰球适量

〔做法〕

1 杯中放入樱花脆啵啵。
2 加入马蹄爆爆珠。
3 倒入樱花糖浆。
4 放入樱花冰球。
5 倒满椰子水。

馥郁杨梅贵妃饮

〔配方〕

- 杨梅10个
- 荔枝8颗
- 冰糖35克
- 柠檬片适量
- 清水500毫升
- 冰块适量
- 盐水适量

〔装饰〕

- 叶子

〔做法〕

1 将杨梅放入盐水中浸泡20分钟，洗净。

2 荔枝去皮备用。

3 锅中倒入清水，放入杨梅、冰糖小火煮10分钟。

4 倒入荔枝煮1分钟，关火。

5 放凉后放入冰块和柠檬片，搅拌均匀，放上装饰。

Part 7 冰粉

斑斓椰椰冰粉

［配方］（2杯）

- 椰子水适量
- 清水200毫升
- 斑斓冰粉：
  斑斓粉2克
  白砂糖20克
  白凉粉10克
- 椰子冰粉：
  椰子水200毫升
  白凉粉10克

［装饰］

- 斑斓叶
- 烤椰子脆片

［做法］

1. 将椰子水和白凉粉放入锅中煮沸。倒入碗中冷却，凝固后切块，做成椰子冰粉。
2. 将斑斓粉、清水、白砂糖、白凉粉放入锅中煮沸。倒入碗中冷却，凝固后切块，做成斑斓冰粉。
3. 将椰子冰粉和斑斓冰粉放入碗中，倒入适量椰子水，放上装饰。

茉莉青提冰粉

［配方］（2杯）

- 茉莉花茶500毫升
- 白凉粉28克
- 白砂糖35克
- 青提适量
- 茉莉糖水：
  茉莉花茶200毫升
  白砂糖10克

［装饰］

- 叶子
- 茉莉花

［做法］

1. 将茉莉花茶、白凉粉和白砂糖一起煮沸，倒入碗中冷却，凝固后切块。
2. 青提对半切开。
3. 茉莉花茶中加入白砂糖，煮至糖化开，放凉，做成茉莉糖水。
4. 将冰粉和青提放入碗中，倒入茉莉糖水，放上装饰。

多肉鲜橙冰粉

［配方］（2杯）
- 橙子果肉、橙子片适量
- 橙汁50毫升
- 寒天脆啵啵适量
- 白凉粉30克
- 清水500毫升
- 白砂糖15克

［装饰］
- 青柠块
- 巧克力花
- 香草

［做法］
1. 白凉粉和白砂糖放入清水中煮沸，冷却，凝固后切块。
2. 杯中放入一层寒天脆啵啵，再放入橙子果肉、冰粉和橙子片。
3. 倒入橙汁，放上装饰。

玫瑰啵啵冰粉

［配方］（2杯）
- 糯米丸子少许
- 雪碧适量
- 玫瑰花少许
- 白凉粉28克
- 玫瑰糖浆30克
- 清水500毫升

［装饰］
- 青柠片
- 玫瑰花瓣碎

［做法］
1. 将玫瑰花、白凉粉、玫瑰糖浆一起倒入清水中煮沸。
2. 拣出玫瑰花，将液体倒入碗中冷却，凝固后切块。
3. 糯米丸子煮熟后过凉水。
4. 把冰粉和糯米丸子放入碗中。
5. 倒入雪碧，放上装饰。

桂花生椰冰粉

［配方］（2杯）

- 糯米丸子适量
- 糖桂花少许
- 桂花冰粉：
  干桂花1克
  白凉粉10克
  白砂糖18克
  清水200毫升
- 生椰冰粉：
  厚椰乳200毫升
  白凉粉10克

［装饰］

- 薄荷叶

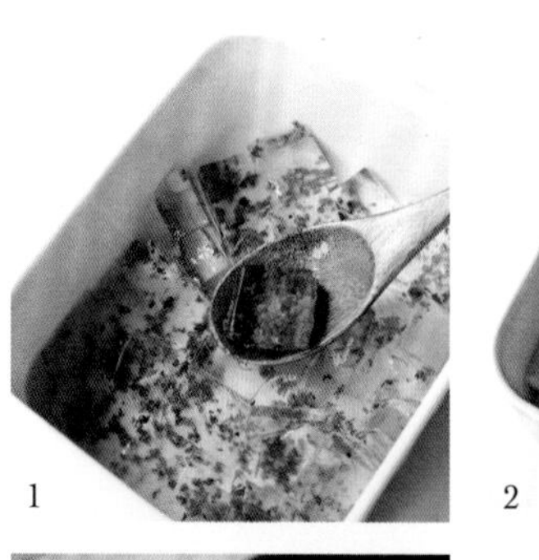

1

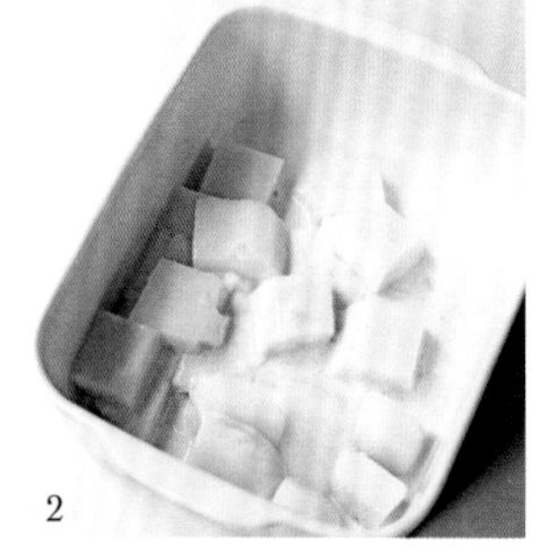

2

3

4

［做法］

1 将干桂花、白凉粉、白砂糖倒入清水中煮沸。倒入碗中冷却，凝固后切块，做成桂花冰粉。

2 将厚椰乳和白凉粉放入锅中煮沸。倒入碗中冷却，凝固后切块，做成生椰冰粉。

3 将糯米丸子煮熟后捞出，过凉水。

4 将两种冰粉和糯米丸子盛入杯中，倒入少许糖桂花，放上薄荷叶。

桂花星空冰粉

〔配方〕(2杯)

- 蓝色冰粉:
  蝶豆花4朵
  白凉粉10克
  沸水200毫升
  白砂糖12克
- 紫色冰粉:
  蝶豆花3朵
  柠檬汁几滴
  白砂糖12克
  沸水200毫升
  白凉粉10克
- 桂花冰粉:
  干桂花1克
  清水200毫升
  白砂糖12克
  白凉粉10克
- 桂花糖水:
  干桂花1克
  白砂糖15克
  热水150毫升
- 马蹄爆爆珠适量

〔装饰〕

- 香草

〔做法〕

1 将蝶豆花用沸水泡出颜色，拣出蝶豆花。加入白凉粉和白砂糖搅拌化开。
2 倒入碗中冷却，凝固后切块，做成蓝色冰粉。
3 将蝶豆花用沸水泡出颜色，加入几滴柠檬汁变成紫色。
4 拣出蝶豆花，加入白砂糖和白凉粉搅拌化开。
5 倒入碗中冷却，凝固后切块，做成紫色冰粉。
6 将干桂花、清水、白砂糖、白凉粉放入锅中煮沸。
7 倒入碗中冷却，凝固后切块，做成桂花冰粉。
8 将干桂花、白砂糖放入热水中搅拌至白砂糖化开，过滤掉桂花，冷却，做成桂花糖水。
9 将蓝色和紫色冰粉依次放入杯中，加入少许马蹄爆爆珠。
10 放上桂花冰粉，浇上适量桂花糖水，放香草。

荔枝玫瑰冰粉

〔配方〕(2杯)

- 荔枝果肉适量
- 透明冰粉：
  白凉粉15克
  清水300毫升
  白砂糖10克
- 玫瑰冰粉：
  玫瑰糖浆15克
  清水300毫升
  白凉粉15克
- 荔枝糖水：
  荔枝3颗
  清水200毫升
  白砂糖15克

〔装饰〕

- 荔枝果肉
- 香草
- 玫瑰花瓣碎

〔做法〕

1 将白凉粉、清水、白砂糖放入锅中煮沸。
2 倒入碗中冷却，凝固后切块，做成透明冰粉。
3 将玫瑰糖浆、白凉粉、清水放入锅中煮沸。
4 倒入碗中冷却，凝固后切块，做成玫瑰冰粉。
5 将去核荔枝、清水、白砂糖放入锅中，小火煮10分钟。
6 做成荔枝糖水，放凉。
7 杯子里放入荔枝果肉。
8 将荔枝糖水倒入透明冰粉中，混合均匀。
9 将透明冰粉和荔枝糖水一起装入杯中。
10 放上一层玫瑰冰粉，放上装饰。

柠檬薄荷冰粉

［配方］（2杯）

- 雪碧100毫升
- 柠檬2片
- 透明冰粉：
  白凉粉18克
  白砂糖15克
  清水300毫升
- 薄荷冰粉：
  薄荷糖浆15克
  白凉粉18克
  清水300毫升

［装饰］

- 香草
- 巧克力花
- 柠檬片

1

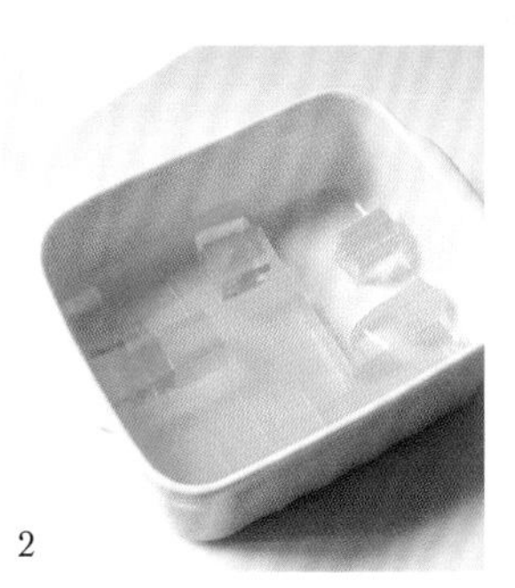
2

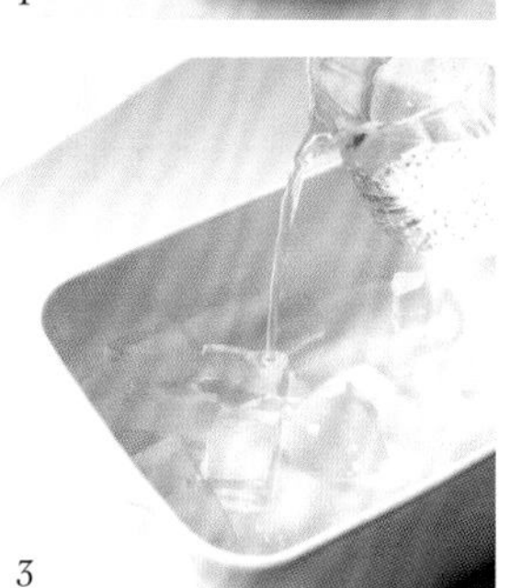
3

4

［做法］

1 将白凉粉、白砂糖加入清水煮沸。倒入碗中冷却，凝固后切块，做成透明冰粉。
2 将薄荷糖浆、白凉粉和清水一起煮沸。倒入碗中冷却，凝固后切块，做成薄荷冰粉。
3 将透明冰粉和雪碧混合，与柠檬片一起装入杯中。
4 放上一层薄荷冰粉，放上装饰。

银耳酒酿冰粉

〔配方〕

- 银耳1块
- 冰糖40克
- 清水600毫升
- 玫瑰花瓣碎适量
- 酒酿适量
- 白凉粉10克
- 玫瑰花4克
- 玫瑰糖浆20克
- 清水200毫升
- 糯米丸子：
  糯米粉50克
  白砂糖10克
  热水35毫升

〔装饰〕

- 香草
- 青柠片

1

2

3

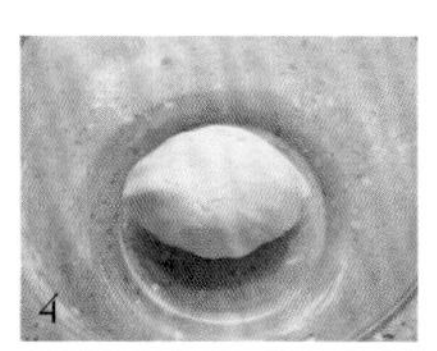
4

5

6

7

〔做法〕

1. 将玫瑰花、白凉粉倒入清水中煮沸。
2. 关火，倒入玫瑰糖浆搅拌均匀。
3. 倒入碗中冷却，凝固后切块。
4. 糯米粉中加入白砂糖和热水，揉成团，搓成小丸子。
5. 将小丸子煮至浮起后捞出，过凉水。
6. 银耳切小块，加入冰糖和清水炖煮1小时，关火后撒玫瑰花瓣碎。
7. 把所有食材放入碗中，放上装饰。